あした話したくなる

おいしすぎる食《た》べ物《もの》のひみつ

朝日新聞出版

思《おも》わず「へぇ～」と
うなずいてしまう!

この本《ほん》は
おいしすぎる
食《た》べ物《もの》の話《はなし》です

いつも食《た》べてる
あの食《た》べ物《もの》の
ヒミツがいっぱい!

食《た》べ物《もの》の名前《なまえ》の由来《ゆらい》や
歴史《れきし》も学《まな》べます。

あした話《はな》したくなる

食《た》べ物《もの》の"オイシイ"話《はなし》

1章《しょう》

2章《しょう》

あした話《はな》したくなる

食《た》べ物《もの》の“おどろき”の事実《じじつ》1

あした話《はな》したくなる

食《た》べ物《もの》の“いが〜い”な話《はなし》

3章《しょう》

4章《しょう》

あした話《はな》したくなる 食《た》べ物《もの》の“なるほど”な話《はなし》

あした話《はな》したくなる

食《た》べ物《もの》の"おどろき"の事実《じじつ》2

5章《しょう》

コラム

日本編《にほんへん》

有名人《ゆうめいじん》の好《す》きな食《た》べ物《もの》

海外編《かいがいへん》

有名人《ゆうめいじん》の好《す》きな食《た》べ物《もの》

1章《しょう》

あした話《はな》したくなる
食《た》べ物《もの》の“オイシイ”話《はなし》

リンゴのテカテカは食《た》べごろのサイン！

リンゴの表面《ひょうめん》がテカテカしてベトついていたことはありませんか？

このテカテカは、おいしく見《み》えるように何《なに》かを塗《ぬ》っているわけではありません。

その正体《しょうたい》は、リンゴが自分《じぶん》を守《まも》るために作《つく》り出《だ》した、天然《てんねん》のワックス（ろう物質《ぶっしつ》）です。

テカテカのしくみ

このテカテカを、リンゴの「油《あぶら》あがり」っていうよ！

コレがテカテカ

脂肪分《しぼうぶん》のリノール酸《さん》やオレイン酸《さん》がにじみ出《で》る。

にじみ出《で》た脂肪分《しぼうぶん》で、表皮《ひょうひ》をおおうろう物質《ぶっしつ》が溶《と》かされる。

リンゴの表面《ひょうめん》は、白《しろ》いろうのような物質《ぶっしつ》でおおわれています。実《み》が完熟《かんじゅく》するころになると、このろう物質《ぶっしつ》は、皮《かわ》の表面《ひょうめん》ににじみ出《で》る「リノール酸《さん》」や「オレイン酸《さん》」などの質《しつ》の良《よ》い脂肪分《しぼうぶん》によって溶《と》かされ、テカテカになるのです。

このテカテカは、リンゴの水分《すいぶん》が蒸発《じょうはつ》するのを防《ふせ》いだり、傷《きず》から病原菌《びょうげんきん》などが入《はい》るのを防《ふせ》ぐ役割《やくわり》があります。

アイスクリームって、口《くち》の中《なか》でサッと溶《と》けますよね。それは、空気《くうき》や脂肪《しぼう》、氷《こおり》などが、細《こま》かく均一《きんいつ》に混《ま》ざっているからです。

**アイスクリームを拡大《かくだい》すると
こうなっています。**

脂肪《しぼう》
空気《くうき》のあわ
たんぱく質《しつ》
氷《こおり》
凍《こお》っていない部分《ぶぶん》

アイスクリームがやわらかいのは空気《くうき》が混《ま》ざっているから！

アイスクリームが凍《こお》っているのに、氷《こおり》のように硬《かた》くならないのも、空気《くうき》が混《ま》ざっているためです。

また、氷《こおり》ほど冷《つめ》たく感《かん》じないのは、原料《げんりょう》となる乳製品《にゅうせいひん》の脂肪《しぼう》のつぶが混《ま》ざっているためです。

水《みず》は0度《ど》で凍《こお》り始《はじ》めますが、砂糖《さとう》を入《い》れると0度《ど》では凍《こお》らなくなります。凍《こお》り始《はじ》める温《おん》度《ど》が低《ひく》くなるため、凍《こお》りきらない部分《ぶぶん》が残《のこ》っていることも、アイスクリームがやわらかい理由《りゆう》のひとつです。

ソフトクリームは、低《ひく》い温度《おんど》で混《ま》ぜながら固《かた》めるとき、一定《いってい》量《りょう》の空気《くうき》がふくまれることでやわらかな舌触《したざわ》りになるよ。

フルーツトマトはストレスで甘《あま》くなる！

「フルーツトマト」と聞《き》くと、くだものの仲《なか》間《ま》のようですが、それはちがいます。くだもののように糖度《とうど》（糖分《とうぶん》の割合《わりあい》）が高《たか》く、甘《あま》いトマトのことをいいます。

　ふつうのトマトの糖度《とうど》は6度《ど》くらいですが、フルーツトマトの糖度《とうど》は、くだものと同《おな》じくらいの、10度《ど》以上《いじょう》の甘《あま》いものもあります。

　どうしてそんなに甘《あま》くなるかというと、それは、ずばり、ストレスを与《あた》えるからです。

水《みず》やりを少《すく》なくしたり、根《ね》があまりのびないようにしたり、肥料《ひりょう》の吸収《きゅうしゅう》をおさえたり、土《つち》の中《なか》の塩分濃度《えんぶんのうど》を高《たか》くしたりなど、トマトにストレスを与《あた》えます。すると、糖度《とうど》を蓄《たくわ》えて甘《あま》くなるのです。

ストレスを与《あた》えると大《おお》きくは育《そだ》ちませんが、甘《あま》みがギュッとつまったトマトになります。

ポテトチップスがうすいのは、客《きゃく》のクレームのおかげ

ポテトチップスは、今《いま》から170年《ねん》くらい前《まえ》、アメリカのとあるホテルのレストランで誕生《たんじょう》しました。

お客《きゃく》から「フレンチフライを厚《あつ》く切《き》りすぎだ」と文句《もんく》を言《い》われて、おこった料理長《りょうりちょう》が、紙《かみ》のように薄《うす》く切《き》ったジャガイモを油《あぶら》で揚《あ》げて提供《ていきょう》したところ、おいしいと評判《ひょうばん》になったことに始《はじ》まります。

日本《にほん》で初《はじ》めてポテトチップスが販売《はんばい》されたのは、今《いま》から約《やく》75年《ねん》ほど前《まえ》。「フラ印《じるし》」ブランドのポテトチップスが日本初《にほんはつ》だといわれています。当時《とうじ》のポテトチップスは酒《さけ》のつまみで、なかなかお目《め》にかかれない高級《こうきゅう》で珍《めずら》しいものでした。

その後《ご》、今《いま》から約《やく》60年《ねん》ほど前《まえ》に、量産型《りょうさんがた》のポテトチップスが発売《はつばい》されて、一般《いっぱん》に広《ひろ》まっていきました。

フレンチフライ

ジャガイモを細長《ほそなが》く切《き》って油《あぶら》で揚《あ》げたもの。フライドポテトの別《べつ》の呼《よ》び方《かた》。

ポテトが厚《あつ》すぎる！
こちらのうす～いポテトでいかがでしょう？

スイカに塩《しお》をかけると甘《あま》くなる！

スイカに少《すこ》し塩《しお》をかけると、かけないときよりも甘《あま》く感《かん》じます。これは、しょっぱい塩《しお》をかけることで、逆《ぎゃく》にスイカの甘《あま》みを強《つよ》く感《かん》じさせる働《はたら》きがあるから。

これを「味《あじ》の対比効果《たいひこうか》」と呼《よ》びます。反対《はんたい》の味同士《あじどうし》を組《く》み合《あ》わせると、一方《いっぽう》の味《あじ》がもう一方《いっぽう》の味《あじ》をぐっと引《ひ》き立《た》て強《つよ》めます。対比効果《たいひこうか》は、甘《あま》みと塩味《えんみ》、塩味《えんみ》とうまみの組《く》み合《あ》わせのときに生《しょう》じます。スイカの他《ほか》にも、おしるこやトマトなどに塩《しお》をかけることがあります。

反対《はんたい》に、異《こと》なる味覚《みかく》が合《あ》わさることで、一方《いっぽう》の味覚《みかく》が弱《よわ》められることを「味《あじ》の抑制効果《よくせいこうか》」といいます。コーヒーに砂糖《さとう》を入《い》れると苦《にが》みを感《かん》じにくくなるのも、抑制効果《よくせいこうか》の一《ひと》つです。

サツマイモを食《た》べて出《で》るオナラはあまりくさくない！

焼《や》きいもを食《た》べると、いつもよりたくさんオナラが出《で》ることがありませんか？

これは、サツマイモは食物繊維《しょくもつせんい》が豊富《ほうふ》で、腸《ちょう》の動《うご》きを活発《かっぱつ》にするためです。

でも、安心《あんしん》してください。サツマイモを食《た》べて出《で》るオナラは、それほどくさくありません。

くさいオナラの原因《げんいん》は、お肉《にく》などにふくまれるたんぱく質《しつ》を分解《ぶんかい》したときに出《で》る硫化水素《りゅうかすいそ》です。サツマイモはたんぱく質《しつ》の量《りょう》が少《すく》なく、サツマイモを食《た》べたときに出《で》るオナラはおもに炭酸《たんさん》ガスなので、あまりくさくないのです。

オナラがくさいのは、お肉《にく》を食《た》べたとき!?

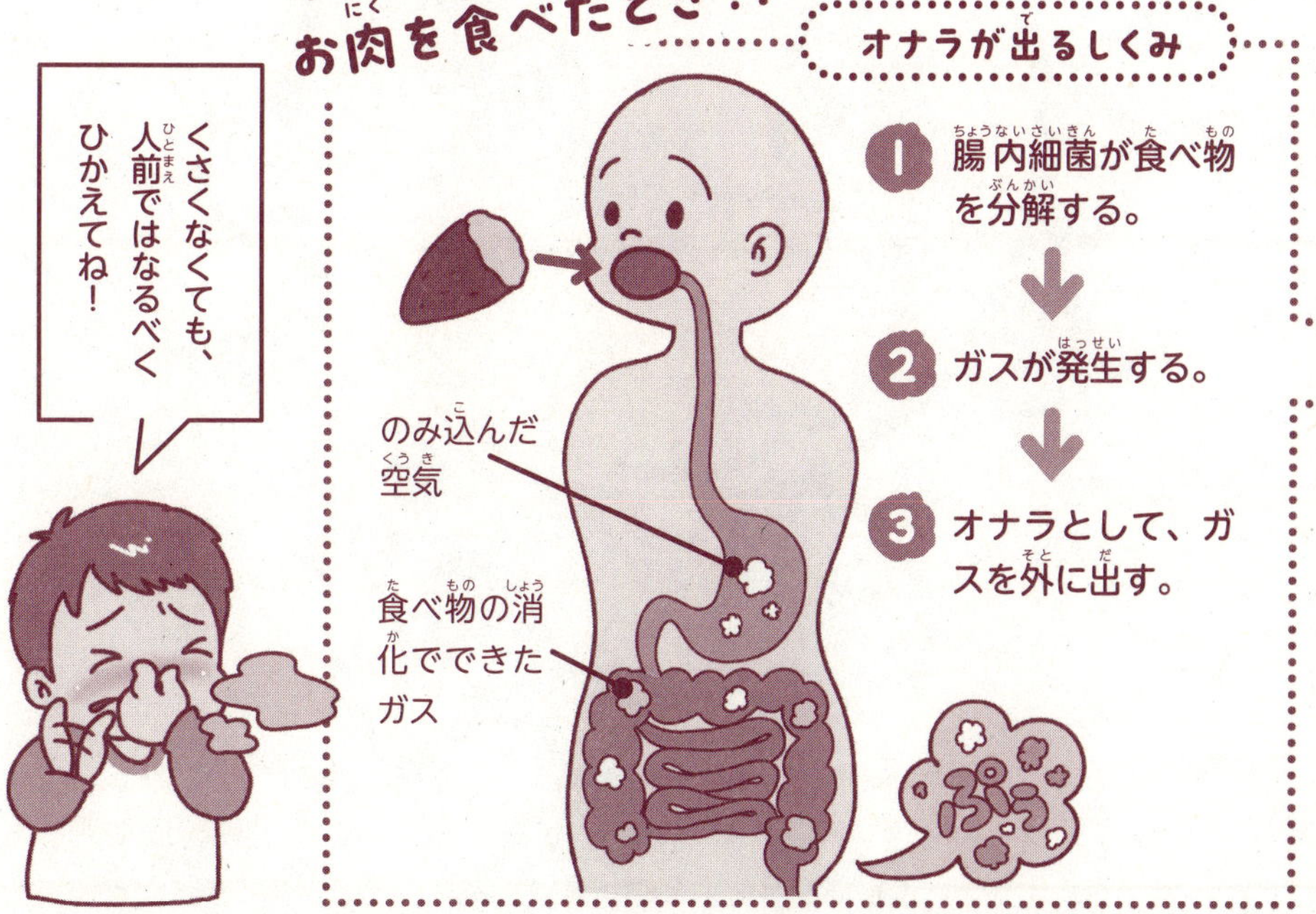

くさくなくても、人前《ひとまえ》ではなるべくひかえてね!
オナラが出《で》るしくみ
1 腸内細菌《ちょうないさいきん》が食《た》べ物《もの》を分解《ぶんかい》する。
2 ガスが発生《はっせい》する。
3 オナラとして、ガスを外《そと》に出《だ》す。
のみ込《こ》んだ空気《くうき》
食《た》べ物《もの》の消化《か》でできたガス
ぷう

虫歯《むしば》予防《よぼう》の最強《さいきょう》食品《しょくひん》はチーズ！

世界《せかい》の人々《ひとびと》の健康《けんこう》を守《まも》るために活動《かつどう》する組織《そしき》である世界《せかい》保健《ほけん》機関《きかん》（WHO）によると、チーズは「虫歯《むしば》の予防《よぼう》効果《こうか》が最《もっと》も高《たか》い食品《しょくひん》」なんだそうです。

チーズを食《た》べると口《くち》の中《なか》がアルカリ性《せい》に変化《へんか》し、
カルシウム
リン酸《さん》
リン酸《さん》とカルシウムなどが歯《は》を再石灰化《さいせっかいか》して、
さらに
虫歯《むしば》を予防《よぼう》する。
口《くち》の中《なか》が虫歯《むしば》のできにくい環境《かんきょう》になる。
く〜〜！
歯《は》みがき粉《こ》やガムにも入《はい》っているキシリトールよりも、予防効果《よぼうこうか》が高《たか》いといわれているよ。

ものを食《た》べて口《くち》の中《なか》が酸性《さんせい》になると、虫歯《むしば》になりやすくなります。ところが、チーズを食《た》べると、口《くち》の中《なか》がアルカリ性《せい》に変化《へんか》して、虫歯《むしば》になりにくくなります。

さらに、チーズにふくまれる「リン酸《さん》」と「カルシウム」などが、歯《は》の表面《ひょうめん》のエナメル質《しつ》をコーティングして、酸化《さんか》した歯《は》を修復《しゅうふく》（再石灰化《さいせっかいか》）してくれるんだそうです。

ちなみに、ヨーグルトや牛乳《ぎゅうにゅう》は、チーズと同《おな》じ乳製品《にゅうせいひん》ですが、虫歯《むしば》の予防効果《よぼうこうか》はないそうです。

ピーマンのにおいには、血液《けつえき》サラサラ効果《こうか》がある！

みなさんは、ピーマンは好《す》きですか？青《あお》くさいにおいや苦《にが》みが苦手《にがて》という人《ひと》も多《おお》いようです。

ピーマンにふくまれる「ピラジン」というにおい成分《せいぶん》が、渋《しぶ》みの元《もと》になる物質《ぶっしつ》と合《あ》わさることであの青《あお》くささや苦《にが》みを感《かん》じさせます。

でもピーマンを嫌《きら》わないでください。なぜなら、このピラジンには、血液《けつえき》をサラサラにして免疫力《めんえきりょく》アップにつなげる効果《こうか》があ

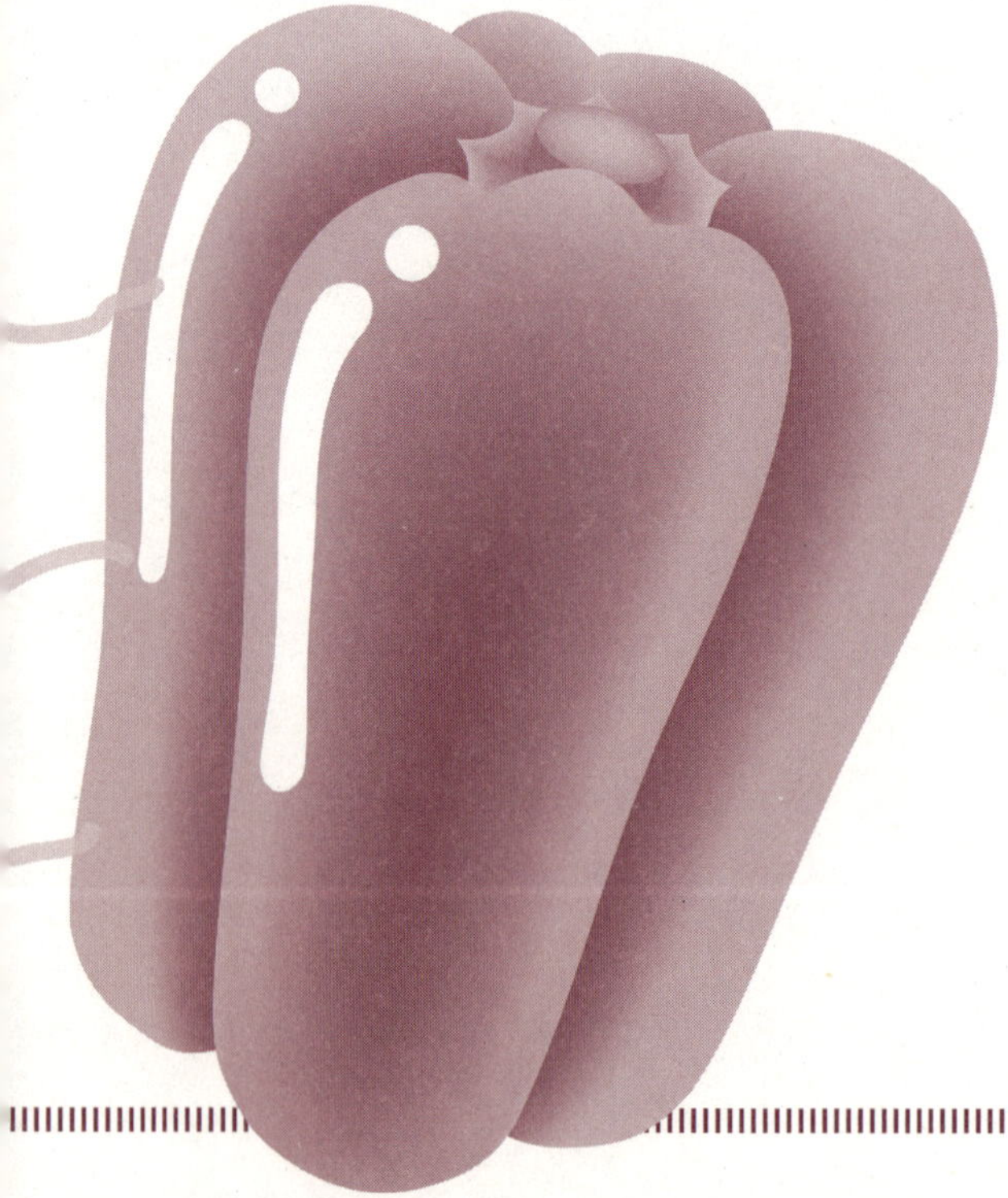

るといわれているのです。
ピラジンは、ふだん食《た》べている緑《みどり》の果肉《かにく》部分《ぶぶん》よりも、種《たね》やわたのほうに10倍《ばい》くらい多《おお》くふくまれています。なので、ピーマンは丸《まる》ごと食《た》べるのがおすすめです。

切《き》り方《かた》でにおいと苦《にが》みが変《か》わる!

タテ切《ぎ》り

においや苦《にが》みが少《すく》ない。

ヨコ切《ぎ》り

においや苦《にが》みが多《おお》い。

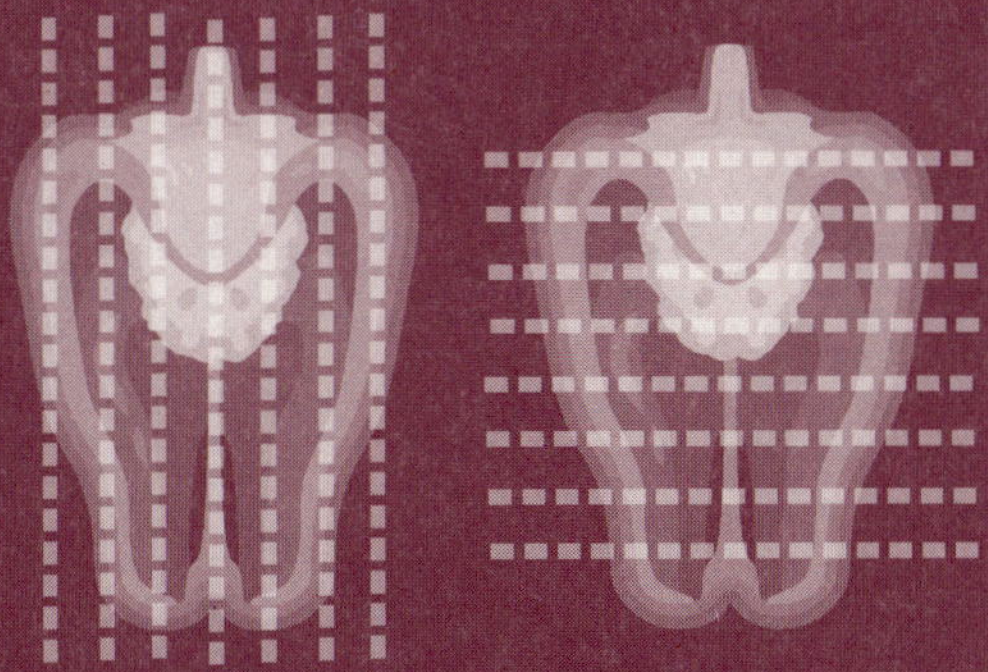

ピーマンはタテに切《き》るほうが、細胞《さいぼう》をこわしにくいので、においや苦《にが》みが減《へ》る。

血液《けつえき》がサラサラになる～
ううっ、においが苦手《にがて》だけど…
免疫力《めんえきりょく》がアップする～

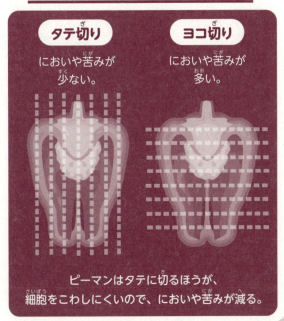

世界《せかい》でいちばんカロリーが低《ひく》い果実《かじつ》はキュウリ！

キュウリは、「最《もっと》も熱量《ねつりょう》（カロリー）が低《ひく》い果実《かじつ》」としてギネス世界記録《せかいきろく》に登録《とうろく》されています。海外《かいがい》では「果実《かじつ》」とされていますが、日本《にほん》では果実《じつ》や種子《しゅし》を食《た》べる野菜《やさい》（果菜類《かさいるい》）に分類《ぶんるい》されます（86ページも見《み》よう）。

でも、キュウリを栄養《えいよう》のない食《た》べ物《もの》だと誤解《ごかい》してはいけません。95％以上《いじょう》が水分《すいぶん》で、100グラムあたり13キロカロリーしかありませんが、栄養《えいよう》が0というわけではないのです。

キュウリは、カリウムやビタミンC・K、食物繊維《しょくもつせんい》などの栄養素《えいようそ》が豊富《ほうふ》です。カロリーが低《ひく》くても、たくさんの栄養《えいよう》がつまっているのです。

水分《すいぶん》が多《おお》く、ビタミンとミネラルをたっぷりふくんでいるキュウリは、夏《なつ》の水分補給《すいぶんほきゅう》にぴったりですね。

カリウム

体内《たいない》の余分《よぶん》な塩分《えんぶん》を出《だ》して血圧《けつあつ》を下《さ》げる。

ビタミンK

骨《ほね》をじょうぶにする。

ビタミンC

はだの健康《けんこう》を保《たも》つ。

食物繊維《しょくもつせんい》

腸内《ちょうない》の環境《かんきょう》を整《ととの》えて、便秘《べんぴ》を予防《よぼう》する。

果菜《かさい》のカロリー比較《ひかく》

※100グラム当《あ》たり。生《なま》の場合《ばあい》。カボチャは日本《にほん》カボチャ。
出典《しゅってん》：「日本食品標準成分表《にほんしょくひんひょうじゅんせいぶんひょう》（八訂《はちてい》）増補《ぞうほ》2023年《ねん》」（文部科学省《もんぶかがくしょう》）から

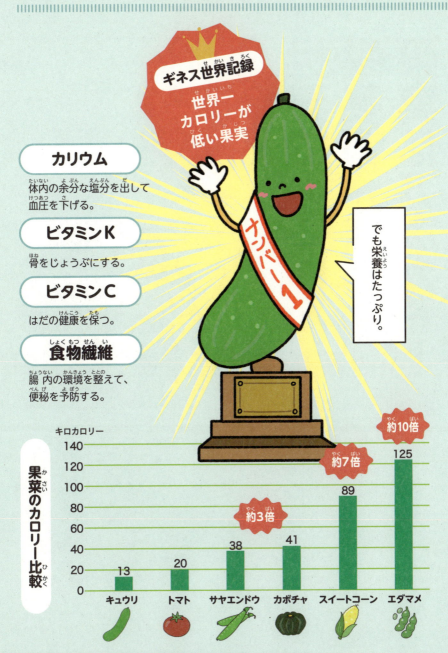

世《せ》界《かい》でいちばん栄《えい》養《よう》価《か》が高《たか》い果《か》実《じつ》はアボカド！

アボカドは、「森《もり》のバター」と呼《よ》ばれるほど脂肪分《しぼうぶん》が多《おお》く、栄養価《えいようか》が高《たか》い果実《かじつ》です。アボカド1個《こ》で、お茶《ちゃ》わん1ぱい分《ぶん》のご飯《はん》と同《おな》じくらいのカロリーがあります。ギネス世界記録《せかいきろく》にも、「最《もっと》も栄養価《えいようか》の高《たか》い果実《かじつ》」として登録《とうろく》されています。

アボカドには、「リノール酸《さん》」や「リノレン酸《さん》」といった質《しつ》の良《よ》い脂肪分《しぼうぶん》がふくまれる他《ほか》、食物繊維《しょくもつせんい》やビタミンE、カリウムなどが豊富《ほうふ》で、便秘《べんぴ》の改善《かいぜん》や美肌効果《びはだこうか》が期待《きたい》できます。

ちなみに、皮《かわ》が黒《くろ》っぽくなり、手《て》に持《も》ったときに少《すこ》し弾力《だんりょく》を感《かん》じるくらいが食《た》べごろ。生《なま》でも調理《ちょうり》してもおいしく食《た》べられる優秀《ゆうしゅう》な食材《しょくざい》です。

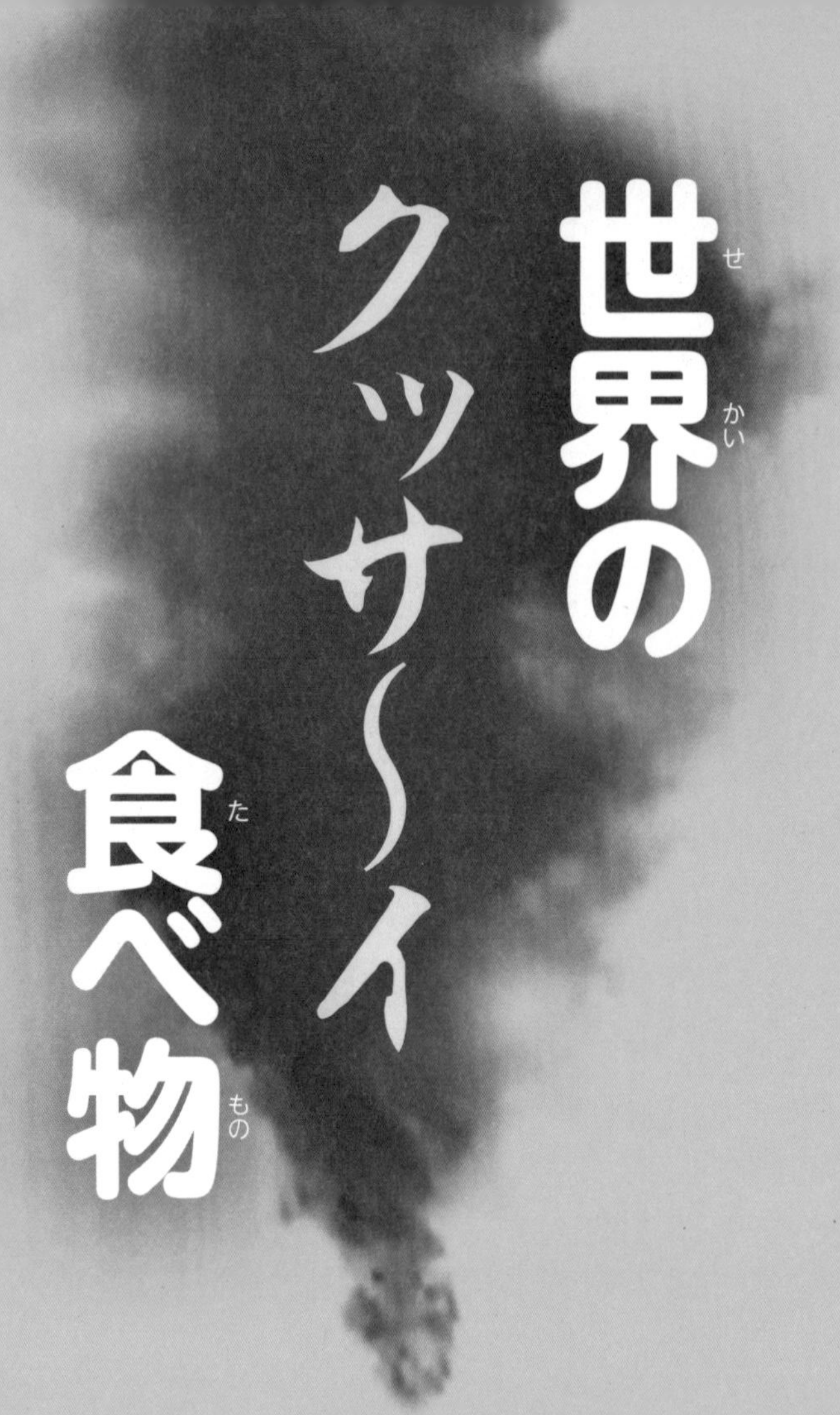

世《せ》界《かい》のクッサ〜イ食《た》べ物《もの》

世界《せかい》の各地《かくち》には、さまざまなクッサ〜イ食《た》べ物《もの》があります。どれもキョーレツにクサイのに、なぜか長年《ながねん》その土地《とち》の人々《ひとびと》に愛《あい》され、食《た》べられ続《つづ》けています。プ〜ンとにおってきそうな、世界《せかい》のクッサ〜イ食《た》べ物《もの》を紹介《しょうかい》しましょう。

参考《さんこう》:『世界一《せかいいち》くさい食《た》べもの』小泉武夫《こいずみたけお》著《ちょ》(筑摩書房《ちくましょぼう》)、『ジュニアエラ』2017年《ねん》2月号《がつごう》(朝日新聞出版《あさひしんぶんしゅっぱん》)

世《せ》界《かい》でいちばんクッサ〜イ！

1

シュール・ストレミング

ヨーロッパ北部《ほくぶ》にあるスウェーデンの「シュール・ストレミング」は、魚《さかな》のニシンに塩《しお》と乳酸菌《にゅうさんきん》などを加《くわ》え、缶《かん》に入《い》れたまま発酵《はっこう》させたものです。缶《かん》の中《なか》には、発酵《はっこう》によって発生《はっせい》したガスが充満《じゅうまん》していて、開《あ》けたときキョーレツなアンモニア臭《しゅう》や硫黄臭《いおうしゅう》が放出《ほうしゅつ》されます。開封直後《かいふうちょくご》のクサさは、納豆《なっとう》の約《やく》18倍《ばい》！　本国《ほんごく》では「地獄《じごく》の缶詰《かんづめ》」と呼《よ》ばれているそうですが、パンや野菜《やさい》などと合《あ》わせて食《た》べるとおいしいそうですよ。

2

世界《せかい》で2番目《ばんめ》にクッサ〜イ!

ホンオ・フェ

韓国《かんこく》の「ホンオ・フェ」は、巨大《きょだい》なエイの切《き》り身《み》をかめの中《なか》で熟成《じゅくせい》させた、伝統的《でんとうてき》な発酵食品《はっこうしょくひん》です。もともとエイが持《も》つアンモニア臭《しゅう》が、発酵《はっこう》していく間《あいだ》にどんどん増《ふ》えて、かむと涙《なみだ》が出《で》るほどキョーレツなクサさになるそうです。そのクサさは、納豆《なっとう》の約《やく》14倍《ばい》。韓国《かんこく》では、高級料理《こうきゅうりょうり》の一《ひと》つとして、お祝《いわ》いの席《せき》などでふるまわれています。

3

世《せ》界《かい》で3番《ばん》目《め》にクッサ〜イ！

エピキュアーチーズ

ニュージーランドの「エピキュアーチーズ」は、特《とく》に缶詰《かんづめ》タイプがヤバいほどクサイんだとか。缶《かん》の中《なか》で3年間発酵《ねんかんはっこう》させる間《あいだ》にガスが発生《はっせい》し、缶《かん》を開《あ》けたとき野生《やせい》の獣《けもの》のような独特《どくとく》のクサイにおいがするそうです。そのクサさは、納《なっ》豆《とう》の約《やく》4倍《ばい》。現在《げんざい》は、缶詰《かんづめ》ではほとんど製造《せいぞう》されておらず、においの少《すく》ないタイプが売《う》られているそうです（写真《しゃしん》は缶詰《かんづめ》タイプではありません）。

日《に》本《ほん》でいちばんクッサ〜イ食《た》べ物《もの》

日《に》本《ほん》一《いち》

くさや

日本《にほん》にも、たくさんのクッサ〜イ食《た》べ物《もの》があります。その中《なか》で、見事《みごと》1位《い》に輝《かがや》いたのは、伊豆諸島《いずしょとう》の伝統的《でんとうてき》な発酵食《はっこうしょく》品《ひん》「くさや」です。くさやは、青魚《あおざかな》の内臓《ないぞう》を取《と》り除《のぞ》き、「くさや液《えき》」と呼《よ》ばれる発酵《はっこう》した海水《かいすい》に数回《すうかい》漬《つ》けて天日《てんぴ》干《ぼ》しした干物《ひもの》です。江戸時代《えどじだい》、干物《ひもの》づくりに欠《か》かせない塩《しお》が不足《ふそく》した際《さい》に、海水《かいすい》に魚《さかな》を漬《つ》けるようになりました。その海水《かいすい》を何度《なんど》も使《つか》いまわしているうちに、液体《えきたい》が発酵《はっこう》してクッサ〜イ風味《ふうみ》が生《う》まれたそうです。そのクサさは、納豆《なっとう》の約《やく》3倍《ばい》にもなります。あまりにもクサイので「クサイや、クサイや」といううちに「くさや」という名前《なまえ》になったといわれています。

2章《しょう》

あした話《はな》したくなる 食《た》べ物《もの》の“おどろき”の事《じ》実《じつ》 1

古代《こだい》ギリシャ人《じん》はバターを体《からだ》に塗《ぬ》っていた

バターといえば、パンのお供《とも》の定番《ていばん》。熱々《あつあつ》のトーストにたっぷり塗《ぬ》って食《た》べれば、幸《しあわ》せな気分《きぶん》が味《あじ》わえます。

またバターは、お菓子《かし》や料理《りょうり》で大活躍《だいかつやく》の調味料《ちょうみりょう》ですが、別《べつ》の使《つか》い方《かた》をする国《くに》もありました。

古代《こだい》ギリシャやローマの人々《ひとびと》は、バターを美容液《びようえき》や、傷口《きずぐち》に塗《ぬ》る薬《くすり》として利用《りよう》していたそうです。

インドには、「ギー」と呼《よ》ばれる溶《と》かしバターがあります。このギーは、インドの伝統医療《でんとういりょう》の中《なか》で、はだの調子《ちょうし》や腸内環境《ちょうないかんきょう》を整《ととの》えたりする万能薬《ばんのうやく》として重宝《ちょうほう》されてきました。

インドの溶《と》かしバター「ギー」

ブータンのバターランプ

他《ほか》にも、インドの北《きた》にあるブータン王国《おうこく》のお寺《てら》では、お供《そな》えのろうそくの代《か》わりに、バターを使《つか》ったランプをともしているそうです。

日本《にほん》にバターのような乳《にゅう》製品《せいひん》が登場《とうじょう》したのは、今《いま》から約《やく》1300年前《ねんまえ》。朝鮮半《ちょうせんはん》島《とう》から伝《つた》わった牛乳《ぎゅうにゅう》から、日本最古《にほんさいこ》の乳製品《にゅうせいひん》「蘇《そ》」が誕生《たんじょう》しました。蘇《そ》は、現代《げんだい》のバターやチーズだったという説《せつ》があります。栄養不《えいようぶ》足《そく》からおこる病気《びょうき》の薬《くすり》として食《た》べられていたそうです。

バターって、
いろんな使《つか》い方《かた》
があるんだね。

おせち料理《りょうり》にはダジャレがいっぱい！

まめに働《はたら》く

黒豆《くろまめ》

無病息災《むびょうそくさい》

「豆（まめ）」＝まめまめしく（まじめに）
働《はたら》き、健康《けんこう》にくらせるように

よろこんぶ

昆布巻《こぶま》き

縁起物《えんぎもの》、長寿《ちょうじゅ》

「養老昆布（よろこぶ）」
＝長生《ながい》きしますように

多幸（たこう）

タコ

幸運《こううん》

「多幸（たこう）」
＝1年間幸《ねんかんしあわ》せに
過《す》ごせるように

お正月《しょうがつ》の料理《りょうり》といえば、真《ま》っ先《さき》に「おせち料理《りょうり》」を思《おも》い出《だ》すことでしょう。おせち料理《りょうり》は、元日《がんじつ》に年神様《としがみさま》にお供《そな》えし、一年《いちねん》の安全《あんぜん》や家族《かぞく》の健康《けんこう》を願《ねが》うおめでたい食《た》べ物《もの》です。

それぞれの料理《りょうり》には、いろいろな意味《いみ》があります。数《かず》の子《こ》は卵《たまご》の数《かず》が多《おお》いことから「子孫《しそん》が繁栄《はんえい》するように」、エビはゆでるとお年《とし》寄《よ》りのように腰《こし》が曲《ま》がることから「健康《けんこう》で長生《ながい》きできるように」、だて巻《ま》きは形《かたち》が昔《むかし》の書物《しょもつ》の巻物《まきもの》に似《に》ていることから「知識《ちしき》が増《ふ》えるように」といった願《ねが》いがこめられています。

中《なか》には、ダジャレのような由来《ゆらい》から縁起《えんぎ》を担《かつ》いだものもあります。

それぞれのおせち料理《りょうり》にどんな意味《いみ》や願《ねが》いがこめられているのか、調《しら》べてみてはどうでしょう。

めでたい

「目出度い（めでたい）」

＝年《とし》の初《はじ》めから縁起《えんぎ》がよい。

魚《さかな》の中《なか》では長生《ながい》きなタイのように長寿《ちょうじゅ》を願《ねが》う

お雑煮《ぞうに》にあんこ入《い》りもちを入《い》れる地域《ちいき》がある！

白《しろ》みその汁《しる》に甘《あま》いあん入《い》りの丸《まる》もちが入《はい》った「あんもち雑煮《ぞうに》」は、香川県《かがわけん》の郷土料理《きょうどりょうり》です。

暖《あたた》かく雨《あめ》の少《すく》ない香川県《かがわけん》では、江戸時代《えどじだい》にさとうきびの栽培《さいばい》が盛《さか》んでした。この地域《ちいき》で作《つく》られる砂《さ》糖《とう》は、白《しろ》く口《くち》どけがよいことから、香川県《かがわけん》の特産品《とくさんひん》の代表《だいひょう》でした。

香川県《かがわけん》の「あんもち雑煮《ぞうに》」

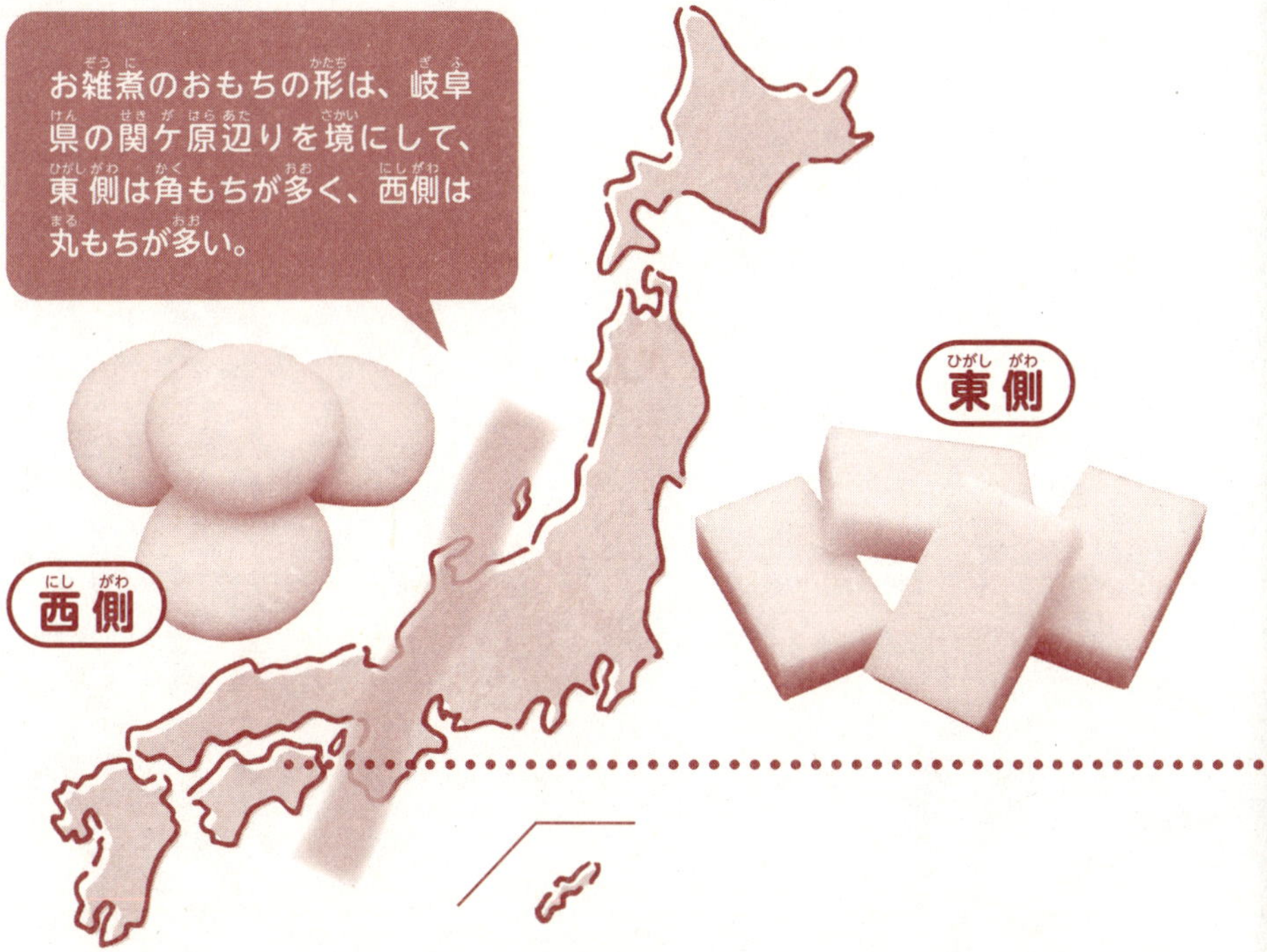
お雑煮《ぞうに》のおもちの形《かたち》は、岐阜《ぎふ》県《けん》の関《せき》ケ《が》原《はら》辺《あた》りを境《さかい》にして、東側《ひがしがわ》は角《かく》もちが多《おお》く、西側《にしがわ》は丸《まる》もちが多《おお》い。
東側《ひがしがわ》
西側《にしがわ》

当時《とうじ》、砂糖《さとう》は貴重品《きちょうひん》だったため、ふだんは食《た》べることができません。年《ねん》に一度《いちど》だけ特別《とくべつ》に、正月《しょうがつ》の「あんもち雑煮《ぞうに》」に砂糖《さとう》が使《つか》われるようになったそうです。

ちなみに、島根県《しまねけん》の出雲地方《いずもちほう》では、甘《あま》いあずき汁《じる》に丸《まる》もちを入《い》れた「あずき雑煮《ぞうに》」があります。見《み》た目《め》は、おしるこやぜんざいのようですが、甘《あま》さはひかえめだそうです。

他《ほか》にも、日本全国《にほんぜんこく》には、それぞれの地域《ちいき》の特産品《とくさんひん》を生《い》かしたお雑《ぞう》煮《に》がたくさんあります。

日本《に》《ほん》で最初《さい》《しょ》のカレーレシピにはカエルが使《つか》われていた！

日本《にほん》の国民食《こくみんしょく》として人気《にんき》のカレーは、いつから食《た》べられるようになったか知《し》っていますか？

カレーは、今《いま》から約《やく》150年前《ねんまえ》の明治時代《めいじじだい》の初《はじ》め頃《ごろ》、イギリスから日本《にほん》に伝《つた》わりました。当時《とうじ》の『西洋料理指南《せいようりょうりしなん》』という料理《りょうり》の本《ほん》に、カレーのレシピが紹介《しょうかい》されています。そこには、ネギやショウガ、エビ、鶏肉《とりにく》などと一緒《いっしょ》に、何《なん》

とカエルの肉《にく》が使《つか》われていました。

また、当初《とうしょ》はジャガイモやタマネギもカレーに入《はい》っていませんでした。明治時代《めいじじだい》の半《なか》ば以降《いこう》、ジャガイモやタマネギの本格的《ほんかくてき》な栽培《さいばい》がおこなわれるようになり、大正《たいしょう》時代《じだい》になってようやく現代《げんだい》のようなカレーになったそうです。

やがて国産《こくさん》のカレー粉《こ》が誕生《たんじょう》すると、家庭《かてい》でもおいしいカレーが作《つく》られるようになりました。

さらに、1982年《ねん》には学校給食《がっこうきゅうしょく》の全国統一《ぜんこくとういつ》メニューになり、カレーは日本《にほん》の国民食《こくみんしょく》として、広《ひろ》く親《した》しまれるようになりました。

当時《とうじ》の日本人《にほんじん》は、豚《ぶた》や牛《うし》の肉《にく》を食《た》べなかったんだ

『西洋料理指南《せいようりょうりしなん》』のカレーレシピ

●材料《ざいりょう》

- ネギ
- ショウガ、ニンニク
- バター
- 鶏肉《とりにく》、エビ、タイ、カキ、カエルなど
- カレー粉《こ》など

●作《つく》り方《かた》

ネギ、ショウガとニンニクのみじん切《ぎ》りをバターで炒《いた》めて水《みず》を加《くわ》える。鶏肉《とりにく》、エビ、タイ、カキ、カエルなどを入《い》れてよく煮《に》て、カレー粉《こ》などを加《くわ》える。

参考《さんこう》：『西洋料理指南《せいようりょうりしなん》』下《げ》　敬学堂主人著《けいがくどうしゅじんちょ》

中国《ちゅうごく》ではギョーザといえば水《すい》ギョーザ

日本《にほん》では、ギョーザといえば「焼《や》きギョーザ」を思《おも》い浮《う》かべる人《ひと》が多《おお》いと思《おも》いますが、中国《ちゅうごく》では「水《すい》ギョーザ」が一般的《いっぱんてき》です。ギョーザはもともと中国《ちゅうごく》から伝《つた》わったものですが、食《た》べ方《かた》は違《ちが》うようです。

とはいえ、中国《ちゅうごく》でもあまっ

中国《ちゅうごく》のお正月《しょうがつ》は、1月《がつ》の下旬《げじゅん》から2月《がつ》の上旬《じょうじゅん》の「春節《しゅんせつ》」の時期《じき》をさす。

日本《にほん》
焼《や》きギョーザ
ニンニクは具《ぐ》に入《い》れる。

中国《ちゅうごく》
水《すい》ギョーザ
ニンニクは具《ぐ》には入《い》れない。薬味《やくみ》でそえる。

た水《すい》ギョーザを焼《や》いて、焼《や》きギョーザにすることがあります。

中国《ちゅうごく》でお正月《しょうがつ》に食《た》べる定番《ていばん》の料理《りょうり》といえばギョーザです。ゆでたギョーザを山《やま》盛《も》りにして食《た》べるそうです。

ギョーザは、中国語《ちゅうごくご》で「チャオズ」といいますが、「子《こ》どもをさずかる」という意味《いみ》の言葉《ことば》と同《おな》じ発音《はつおん》です。つまり、山《やま》盛《も》りのギョーザは、子孫繁栄《しそんはんえい》を願《ねが》う意味《いみ》があるのです。

他《ほか》にも、ギョーザの形《かたち》が、中国《ちゅうごく》で昔使《むかしつか》われていたお金《かね》の形《かたち》に似《に》ていることから、新《あたら》しい年《とし》に富《とみ》を願《ねが》う意味《いみ》があるなど、さまざまな説《せつ》があります。

日《に》本《ほん》のタコ輸《ゆ》入《にゅう》先《さき》1位《い》のモーリタニアではタコを食《た》べない！

近年《きんねん》、モーリタニアでも、タコの漁獲《ぎょかく》量《りょう》が減《へ》ってきている。海《うみ》の環境《かんきょう》の変化《へんか》や、タコのとりすぎが原因《げんいん》のようだ。

タコ焼《や》き、タコ飯《めし》、タコのお刺《さ》し身《み》。日本人《にほんじん》はタコが大好物《だいこうぶつ》。そんなタコ好《ず》き日本《にほん》が輸入《ゆにゅう》しているタコの約《やく》40%が、モーリタニア産《さん》です。

モーリタニアは、アフリカ大陸《たいりく》の西側《にしがわ》にある国《くに》で、国土《こくど》のほとんどが砂漠《さばく》におおわれています。大西洋《たいせいよう》に面《めん》していますが、魚《さかな》を食《た》べる習慣《しゅうかん》がほとんどなく、上質《じょうしつ》なマダコがとれても食《た》べないそうです。

今《いま》はタコ漁《りょう》が盛《さか》んなモーリタニアですが、最初《さいしょ》にモーリタニア人《じん》にタコつぼを使《つか》った漁業《ぎょぎょう》を教《おし》えたのは、じつは日本人《にほんじん》です。

ドイツではジャガイモをナイフで切《き》るのはマナー違《い》反《はん》だった！

ドイツ人《じん》にとってのジャガイモは、日本人《にほんじん》にとってのお米《こめ》のようなもの。ドイツ人《じん》の食生活《しょくせいかつ》に欠《か》かせない食材《しょくざい》です。そのため、ドイツ料理《りょうり》には、ジャガイモがよく使《つか》われています。

多《おお》くの国《くに》では、料理《りょうり》のつけ合《あ》わせの大《おお》きなジャガイモを、一口《ひとくち》サ

イズにナイフで切《き》り分《わ》けて食《た》べますが、かつてドイツでは、これはマナー違反《いはん》だったそうです。

　ドイツでは、ジャガイモはナイフで切《き》るのではなく、フォークの側面《そくめん》を使《つか》ってつぶすように切《き》るのがマナーだったとか。食《た》べ物《もの》が適《てき》切《せつ》な硬《かた》さに調理《ちょうり》されていることを示《しめ》すため、このようなマナーが生《う》まれたといわれています。ただし、現在《げんざい》はこのマナーを守《まも》る人《ひと》はあまりいないそうです。

　またドイツでは、スパゲティをナイフで切《き》って食《た》べるのが当《あ》たり前《まえ》なんだそうですよ。

フォークの側面《そくめん》でつぶすように切《き》って食《た》べるのがマナーだった。

ピラミッド建設《けんせつ》の給料《きゅうりょう》はタマネギ！

タマネギは、４千年以上前《せんねんいじょうまえ》の古代《こだい》エジプトの壁画《へきが》にえがかれているくらい、昔《むかし》から食《た》べられている野菜《やさい》です。

当時《とうじ》、ピラミッド建設《けんせつ》で働《はたら》いた人《ひと》たちの給料《きゅうりょう》に、タマネギがふくまれていたという記録《きろく》が残《のこ》っています。

というのも、タマネギは食《た》べるとつかれがとれて、スタミナのつく食《しょく》材《ざい》だったからです。

タマネギには、たくさんの成分《せいぶん》がふくまれています。「硫化《りゅうか》アリル」には、血液《けつえき》をサラサラにする効果《こうか》があります。「ケルセチン」は血《ち》の流《なが》れをよくして、悪玉《あくだま》コレステロールを減《へ》らす働《はたら》きがあります。

パワーアップ
スタミナがつくんだよ
ちょっとにおうけどネ!
なんかにおうな…

また、病気《びょうき》の回復《かいふく》や切《き》りきずの薬《くすり》としても使《つか》われていて、タマネギには魔力《まりょく》があると信《しん》じられていたほどです。

タマネギを神聖《しんせい》なものとして、神《しん》殿《でん》に奉納《ほうのう》したり、王《おう》のミイラといっしょに埋葬《まいそう》したりすることもあったそうです。

ミツバチが一生《いっしょう》で集《あつ》めるハチミツはティースプーン1杯《ぱい》分《ぶん》！

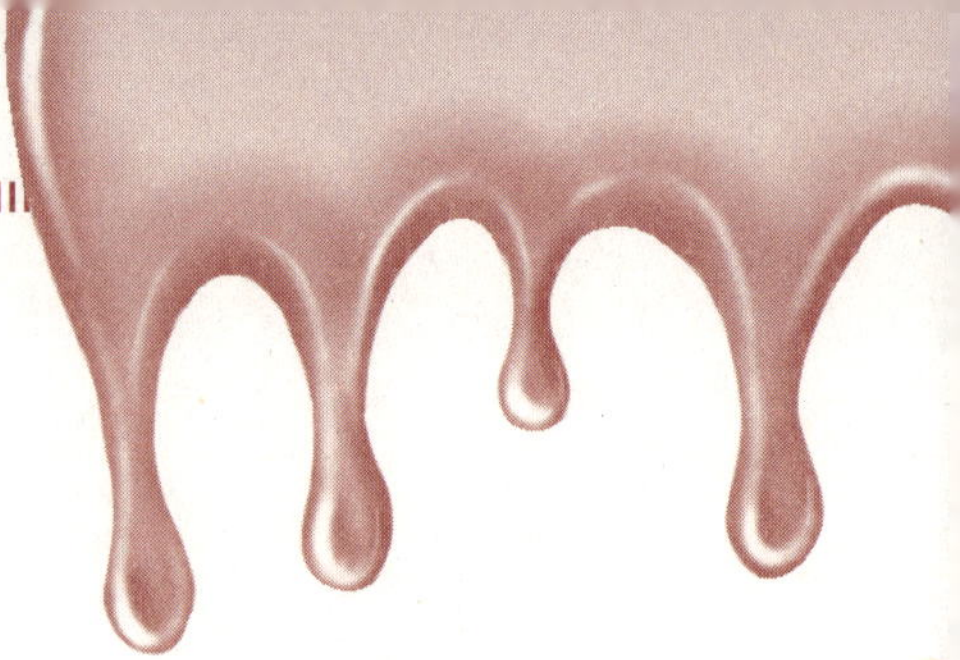

1匹《ぴき》のミツバチが一生《いっしょう》かけて集《あつ》めることのできるハチミツの量《りょう》は、わずかティースプーン1杯《ぱい》にも満《み》たないほどです。

働《はたら》きバチの寿命《じゅみょう》は40日程度《にちていど》。成《せい》虫《ちゅう》になって、外《そと》で花《はな》のミツを集《あつ》められるのは20日《はつか》くらい。この間《あいだ》に、働《はたら》きバチは命《いのち》がけで、3万以上《まんいじょう》の花《はな》からミツを集《あつ》めてまわります。

ところで、花《はな》のミツがハチミツとは別物《べつもの》だと知《し》っていますか？ ミツバチは、体内《たいない》で花《はな》のミツに酵《こう》素《そ》を加《くわ》えてハチミツに変化《へんか》させます。さらに、巣《す》の中《なか》で熟成《じゅくせい》させ、甘《あま》さを増《ま》していくのです。

ニホンミツバチ

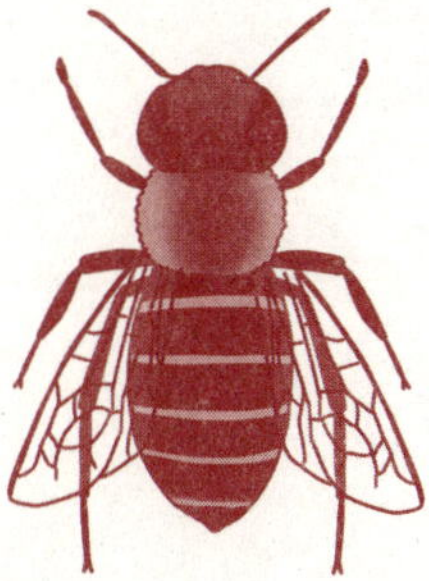

特徴《とくちょう》

小《ちい》さめ

黒《くろ》っぽい

ニホンミツバチは、いろいろな花《はな》のミツを集《あつ》めるので、そのハチミツは「百花蜜《ひゃっかみつ》」と呼《よ》ばれている。

セイヨウミツバチ

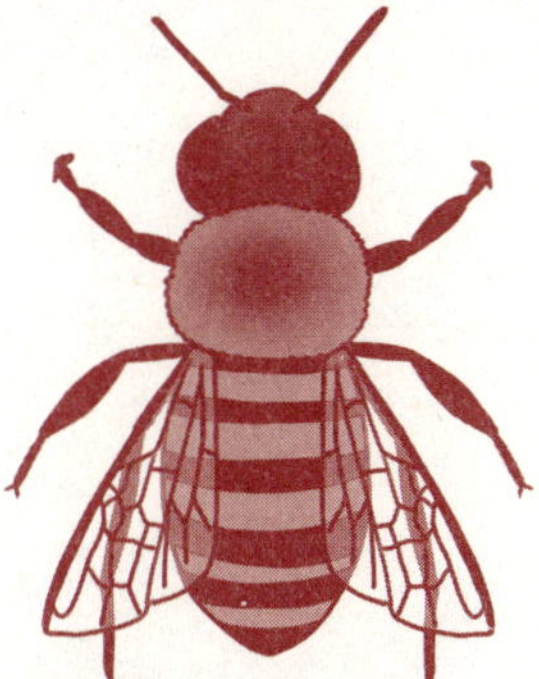

特徴《とくちょう》

大《おお》きめ

黄色《きいろ》い

セイヨウミツバチは、1種《しゅ》類《るい》の花《はな》からミツを集《あつ》めることが多《おお》い。そのハチミツは「単花蜜《たんかみつ》」という。

カカオの実《み》は、木《き》の幹《みき》になる！

赤道《せきどう》をはさんだ南北《なんぼく》20度以内《どいない》で、高温多湿《こうおんたしつ》でカカオ栽培《さいばい》に適《てき》したこの地帯《ちたい》は「カカオベルト」と呼《よ》ばれている。

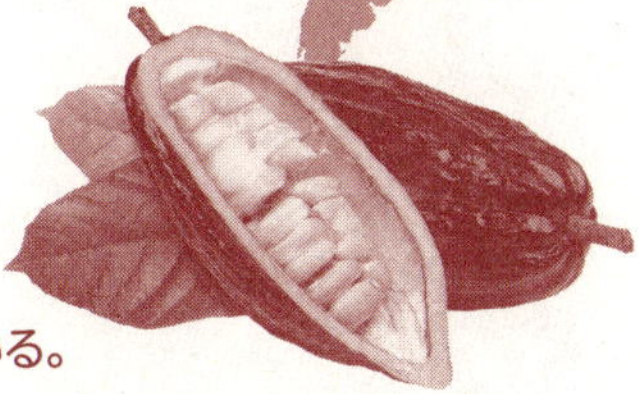

カカオの実《み》の中《なか》には、カカオ豆《まめ》がつまっている。

カカオ豆《まめ》は、チョコレートやココアの原料《げんりょう》です。カカオの木《き》は、7メートルくらいの高《たか》さに成長《せいちょう》し、幹《みき》や枝《えだ》に直接《ちょくせつ》実《み》がなります。このような植物《しょくぶつ》は幹生花《かんせいか》（果《か》）といって、熱帯地域《ねったいちいき》でよく見《み》られます。

ラグビーボールのような形《かたち》の実《み》は、カカオポッドと呼《よ》ばれ、1個《こ》250グラム～1キロの重《おも》さがあります。厚《あつ》さ1センチくらいの硬《かた》いカラの中《なか》には、カカオ豆《まめ》が30～40個《こ》ほど入《はい》っています。

カカオ豆《まめ》は発酵《はっこう》させることで、しぶみを減《へ》らし香《かお》りを出《だ》します。そして、この香《かお》りがチョコレートのにおいのもとになるのです。

最《さい》高《こう》級《きゅう》のコーヒー豆《まめ》は ジャコウネコのウンチ！

インドネシアにすむ雑食《ざっしょく》のジャコウネコは、コーヒーの実《み》を好《この》んで食《た》べます。消化《しょうか》されずに残《のこ》った種子《しゅし》（豆《まめ》）は、フンといっしょに排出《はいしゅつ》されます。その豆《まめ》を洗《あら》って乾《かわ》かし、焙煎《ばいせん》して作《つく》られたコーヒー豆《まめ》を「コピ・ルアク」といいます。

「コピ」はインドネシア語《ご》でコーヒーという意味《いみ》。「ルアク」はジャコウネコの現地《げんち》での呼《よ》び名《な》です。

このコーヒーの特長《とくちょう》であるかぐわしい香《かお》りは、ジャコウネコの腸内《ちょうない》にいる消化酵素《しょうかこうそ》や腸内細菌《ちょうないさいきん》の働《はたら》きによるものです。「コピ・ルアク」は、作《つく》られる量《りょう》が少《すく》なく高額《こうがく》で取引《とりひき》されるため、最高級《さいこうきゅう》のコーヒー豆《まめ》だといわれています。

このコーヒーの他《ほか》にも、動物《どうぶつ》のフンから集《あつ》めたコーヒー豆《まめ》があります。アフリカにはサルの「モンキーコーヒー」、ベトナムにはタヌキの「タヌキコーヒー」、タイにはゾウの「ブラック・アイボリーコーヒー」など。動物《どうぶつ》の腸内《ちょうない》で発酵《はっこう》したコーヒー豆《まめ》には、それぞれ独特《どくとく》の風味《ふうみ》があるそうです。

じつは

日《に》本《ほん》で生《う》まれた洋《よう》食《しょく》

ケチャップ味《あじ》のパスタや、甘《あま》いクリームたっぷりのパンやスイーツなど、普段《ふだん》当《あ》たり前《まえ》のように食《た》べている洋食《ようしょく》の中《なか》には、日本《にほん》で生《う》まれた食《た》べ物《もの》がたくさんあります。じつはこんな食《た》べ物《もの》も、日本《にほん》で生《う》まれたんですよ。

ナポリタン

ケチャップ味《あじ》のナポリタンは、昭和《しょうわ》20年代《ねんだい》、横浜《よこはま》にあるホテルのレストランで生《う》まれました。イタリアの都市名《としめい》「ナポリ」が名前《なまえ》に入《はい》っているのは、当時《とうじ》は料理《りょうり》に使《つか》うトマトソースを「ナポリ風《ふう》」と呼《よ》んでいたからなんだそうです。

オムライス

チキンライスを薄《うす》く焼《や》いた卵《たまご》で包《つつ》んだオムライスは、大正時代《たいしょうじだい》の終《お》わり頃《ごろ》、大阪《おおさか》の飲食店《いんしょくてん》で誕生《たんじょう》しました。すでに伝《つた》わっていた、フランスの卵《たまご》料理《りょうり》「オムレツ」とライスを合《あ》わせて「オムライス」になったそうです。

タコライス

タコライスは、昭和時代《しょうわじだい》の終《お》わり頃《ごろ》に沖縄県《おきなわけん》の飲食店《いんしょくてん》で生《う》まれました。メキシコ料理《りょうり》のタコスの具材《ぐざい》である、炒《いた》めた牛《ぎゅう》ひき肉《にく》やレタスなどの野《や》菜《さい》、チーズをご飯《はん》の上《うえ》に乗《の》せて食《た》べる料理《りょうり》です。ちなみに、タコが入《はい》っているわけではありません。

ドリア

ファミレスなどでおなじみのドリアも、日本生《にほんう》まれの洋食《ようしょく》です。昭和時《しょうわじ》代《だい》の初《はじ》め頃《ごろ》、横浜《よこはま》のホテルのレストランで誕生《たんじょう》しました。当時《とうじ》の総料理《そうりょうり》長《ちょう》が、外国人客《がいこくじんきゃく》のリクエストに応《こた》えて作《つく》ったのが始《はじ》まりだそうです。

クリームパン

クリームパンは明治時代《めいじじだい》の終《お》わり頃《ごろ》、東京《とうきょう》のパン屋《や》さんで誕生《たんじょう》しました。初《はじ》めてシュークリームを食《た》べたパン屋《や》のご夫婦《ふうふ》が、そのおいしさに感動《かんどう》して思《おも》いついたそうです。乳製品《にゅうせいひん》を使《つか》った、甘《あま》くて栄養価《えいようか》の高《たか》いクリームがうけ、大人気《だいにんき》になりました。

カレーパン

カレーが日本《にほん》に伝《つた》わったのは、明治時代《めいじじだい》の初《はじ》め頃《ごろ》（42ページも見《み》よう）。その後《ご》日本人《にほんじん》に親《した》しまれたカレーは、昭和時代《しょうわじだい》の初《はじ》めに東京《とうきょう》のパン屋《や》さんでパンと出会《であ》い、カレーパンになりました。油《あぶら》で揚《あ》げているのは、「カツレツ」をヒントにしたんだそうですよ。

ショートケーキ

やわらかいスポンジにクリームを合《あ》わせたショートケーキは、大正時代《たいしょうじだい》に神奈川県《かながわけん》の洋菓子店《ようがしてん》で生《う》まれました。アメリカのショートケーキは、サクサクしたビスケットにクリームなどを合《あ》わせたものでした。それを日本人好《にほんじんごの》みに合《あ》わせて改良《かいりょう》し、現在《げんざい》のようなケーキが生《う》まれたそうです。

ミルクレープ

クレープの生地《きじ》とクリームを、何層《なんそう》も重《かさ》ねて作《つく》られたミルクレープは、昭和《しょうわ》50年代《ねんだい》に東京《とうきょう》の洋菓子店《ようがしてん》で生《う》まれました。ミルとはフランス語《ご》で「1000」という意味《いみ》です。生地《きじ》を何層《なんそう》も重《かさ》ねる様子《ようす》から「1000枚《まい》のクレープ（ミルクレープ）」となったそうです。

3章《しょう》

あした話《はな》したくなる
食《た》べ物《もの》の“いが〜い”な話《はなし》

ミニトマトは機内食用《きないしょくよう》に作《つく》られた！

お弁当《べんとう》やサラダに彩《いろど》りをそえてくれるトマト。中《なか》でも、10〜30グラムくらいの重《おも》さで、小《ちい》さなトマトのことを「ミニトマト」といいます。

今《いま》から40年《ねん》ほど前《まえ》に日本《にほん》に登場《とうじょう》したミニトマトですが、もともとは飛《ひ》行機《こうき》の機内食用《きないしょくよう》として生産《せいさん》されていたそうです。

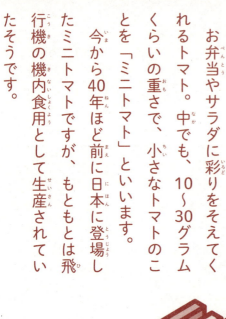

トマトの大《おお》きさによる分類《ぶんるい》

ミニトマト	中玉《ちゅうだま》トマト（ミディ）	大玉《おおだま》トマト
約《やく》10～30グラム	約《やく》30～60グラム	約《やく》100グラム以上《いじょう》

切《き》ったトマトを使《つか》うと、果肉《かにく》から出《で》た水分《すいぶん》で他《ほか》の野菜《やさい》がいたんでしまいます。でもミニトマトなら、一口《ひとくち》サイズで切《き》らずに提供《ていきょう》できるので、機内食《きないしょく》にとても使《つか》いやすかったのです。

大玉《おおだま》トマトよりも栄養価《えいようか》が高《たか》く、甘《あま》くて味《あじ》が濃《こ》いミニトマトは、見《み》た目《め》のかわいらしさと、食《た》べやすさから、日本全国《にほんぜんこく》に広《ひろ》まっていきました。

今《いま》では、大玉《おおだま》トマトよりもミニトマトのほうが、たくさん食《た》べられているようです。

世界初《せかいはつ》の冷凍食品《れいとうしょくひん》はイチゴ！

冷凍食品《れいとうしょくひん》のはじまりは、今《いま》から約《やく》１２０年前《ねんまえ》。アメリカで、ジャム用《よう》のイチゴを冷凍《れいとう》して運《はこ》んだのがきっかけです。

冷凍食品《れいとうしょくひん》とは、加工《かこう》した食品《しょくひん》や切《き》り身《み》にした魚介類《ぎょかいるい》などを凍《こお》らせて、容器《ようき》に入《い》れたもののことです。作《つく》られてから私《わたし》たちの手元《てもと》に届《とど》くまで、常《つね》にマイナス18度《ど》以下《いか》に保《たも》たれています。

急速冷凍《きゅうそくれいとう》と通常《つうじょう》の冷凍《れいとう》

急速冷凍《きゅうそくれいとう》できるようになって、冷凍食品《れいとうしょくひん》の品質《ひんしつ》が良《よ》くなったよ！

急速冷凍《きゅうそくれいとう》とは、30分以内《ぶんいない》に中心部《ちゅうしんぶ》の温度《おんど》をマイナス5～マイナス1度《ど》に冷凍《れいとう》すること。

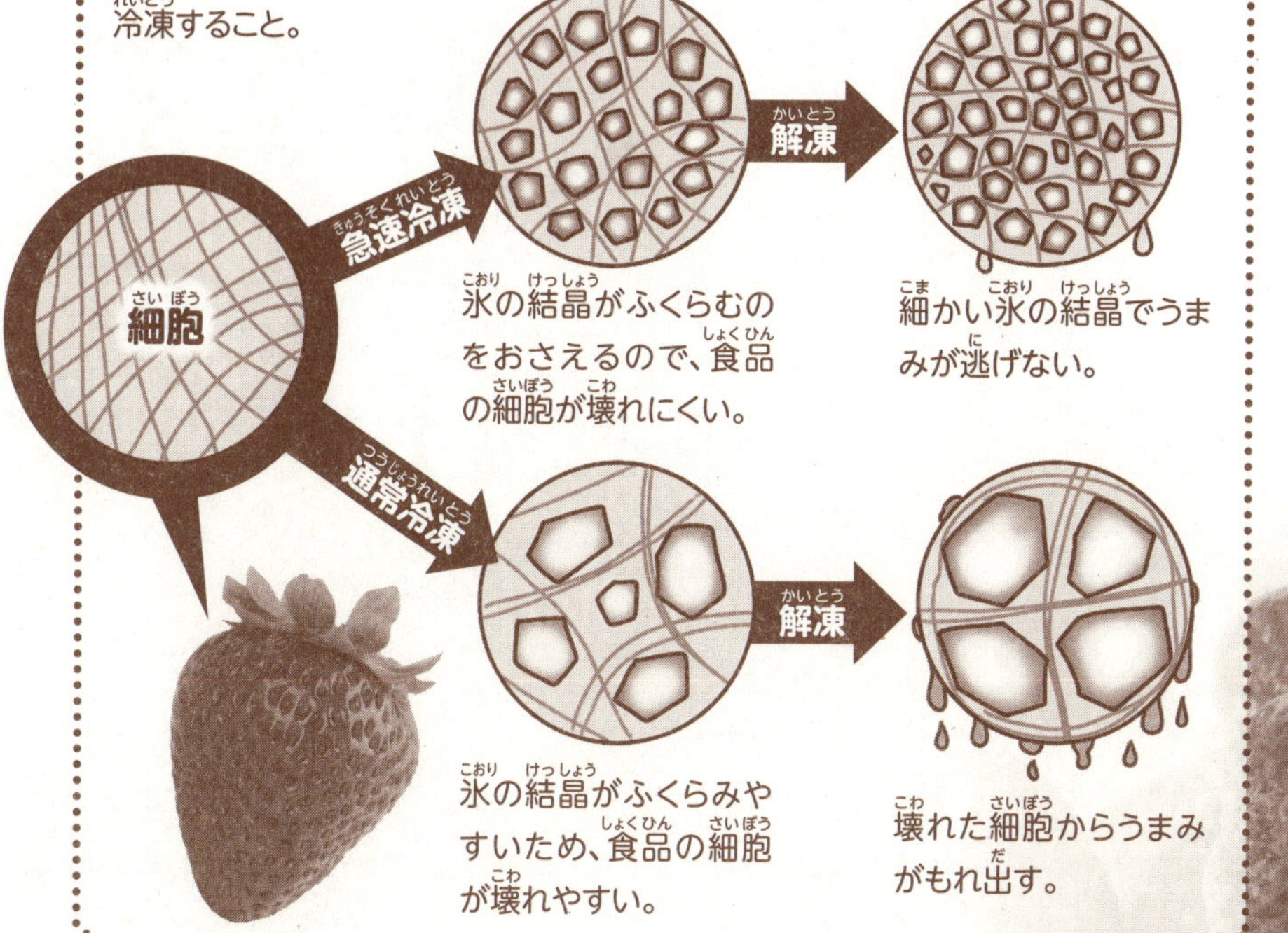
細胞《さいぼう》
急速冷凍《きゅうそくれいとう》
解凍《かいとう》
氷《こおり》の結晶《けっしょう》がふくらむのをおさえるので、食品《しょくひん》の細胞《さいぼう》が壊《こわ》れにくい。
細《こま》かい氷《こおり》の結晶《けっしょう》でうまみが逃《に》げない。
通常冷凍《つうじょうれいとう》
解凍《かいとう》
氷《こおり》の結晶《けっしょう》がふくらみやすいため、食品《しょくひん》の細胞《さいぼう》が壊《こわ》れやすい。
壊《こわ》れた細胞《さいぼう》からうまみがもれ出《だ》す。

1931年《ねん》に、日本《にほん》で初《はじ》めて市販《しはん》された冷凍食《れいとうしょく》品《ひん》も、冷凍《れいとう》イチゴ（イチゴシャーベー）でした。

1970年代《ねんだい》になって、日本《にほん》で冷凍冷蔵庫《れいとうれいぞうこ》が普及《ふきゅう》し始《はじ》めてから、ようやく家庭《かてい》で「冷凍食品《れいとうしょくひん》」が利用《りよう》されるようになりました。

ドーナツに穴《あな》があるのは、早《はや》く油《あぶら》で揚《あ》げるため！

ドーナツの真《ま》ん中《なか》には、どうして大《おお》きな穴《あな》が開《あ》いているのか、気《き》になりませんか？

その理由《りゆう》は、油《あぶら》で揚《あ》げるとき、真《ま》ん中《なか》に穴《あな》が開《あ》いた形《かたち》のほうが、丸《まる》い形《かたち》よりも中《なか》まで火《ひ》が通《とお》りやすいからです。

ところが、最初《さいしょ》のドーナツ（オランダのお菓子《かし》オリークック）には穴《あな》が開《あ》いていませんでした。いったい、いつ穴《あな》が開《あ》いたのでしょう。

それは、19世紀半《せいきなか》ば頃《ごろ》、アメリカの少年《しょうねん》が母親《ははおや》に作《つく》ってもらった揚《あ》げ菓子《がし》の火《ひ》の通《とお》りが悪《わる》かったので、中心《ちゅうしん》に穴《あな》を開《あ》けたのがはじまりといわれています。

ベーグルに穴《あな》が開《あ》いているのも、熱《ねつ》が均一《きんいつ》に入《はい》りやすくするためです。

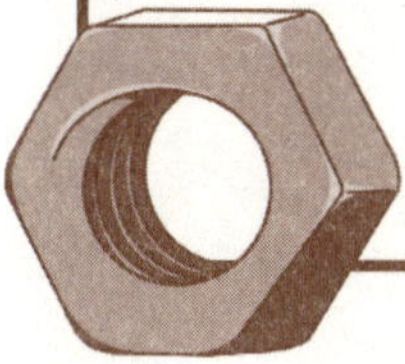

ドーナツの「ドー」は小麦粉《こむぎこ》をよくねったもののことで、「ナツ」はナットのことという説《せつ》がある。穴《あな》の開《あ》いたナットと形《かたち》が似《に》ている。

真《ま》ん中《なか》に穴《あな》を
開《あ》けることで
熱《ねつ》が通《とお》りやすく
なるから。

最初《さいしょ》のガムは木《き》の汁《しる》だった！

サポディラの木《き》は「チューインガムの木《き》」とも呼《よ》ばれている。
クチャクチャ

ガムの歴史《れきし》は古《ふる》く、今《いま》から1700年《ねん》以上前《いじょうまえ》の中央《ちゅうおう》アメリカで栄《さか》えたマヤ文明《ぶんめい》の人《ひと》びとは、すでにガムをかんでいたそうです。

そのガムは、サポディラという大《おお》きな木《き》の汁《しる》を煮《に》こんで、固《かた》めたものでした。

ガムをかむとどんな効果《こうか》がある？

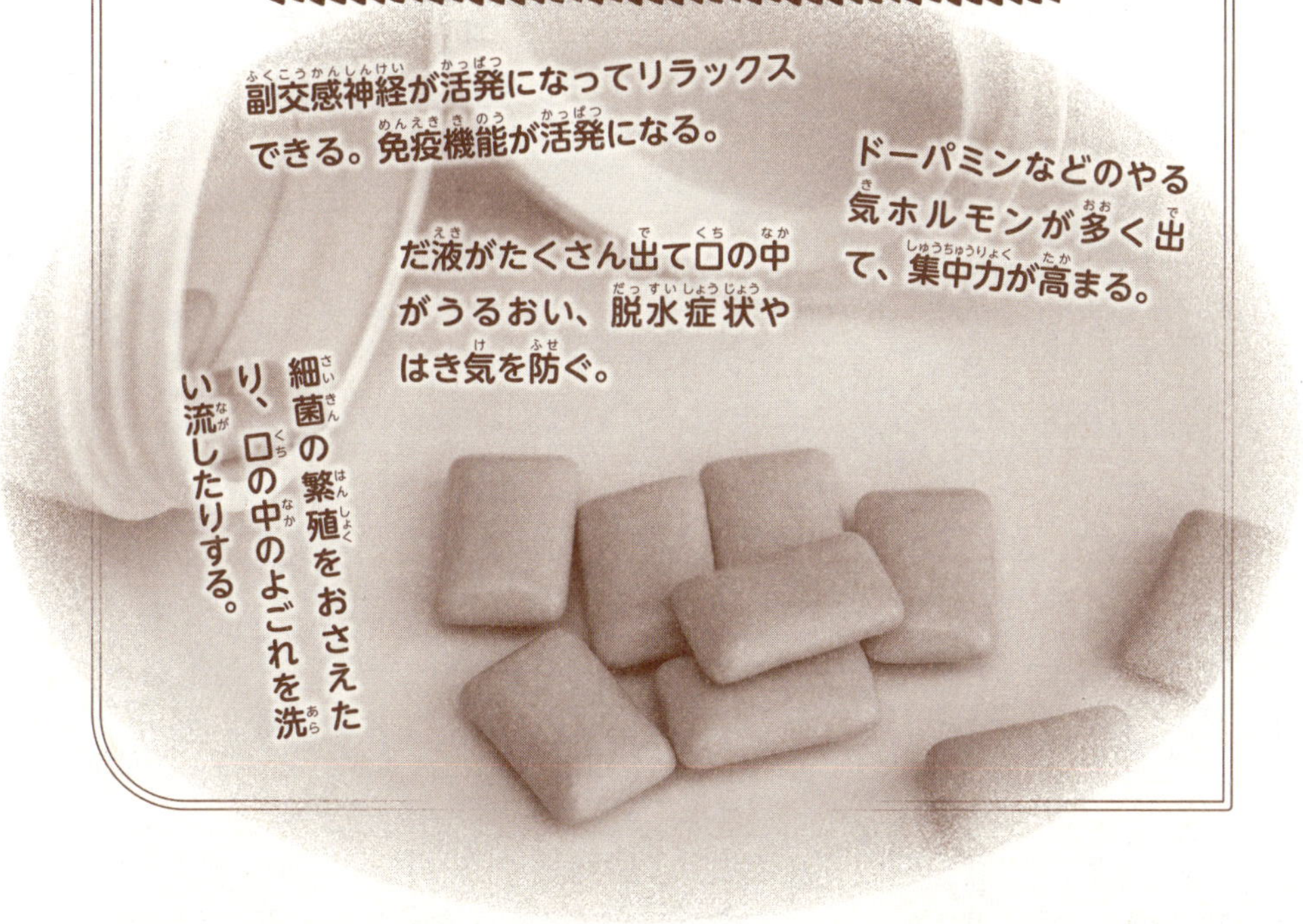
副交感神経《ふくこうかんしんけい》が活発《かっぱつ》になってリラックスできる。免疫機能《めんえききのう》が活発《かっぱつ》になる。
ドーパミンなどのやる気《き》ホルモンが多《おお》く出《で》て、集中力《しゅうちゅうりょく》が高《たか》まる。
だ液《えき》がたくさん出《で》て口《くち》の中《なか》がうるおい、脱水症状《だっすいしょうじょう》やはき気《け》を防《ふせ》ぐ。
細菌《さいきん》の繁殖《はんしょく》をおさえたり、口《くち》の中《なか》のよごれを洗《あら》い流《なが》したりする。

これは「チクル」といって、今《いま》でもガムの原料《げんりょう》になっています。チクルに甘《あま》い味《あじ》や香《かお》りをつけて、みなさんの知《し》っているガムになるのです。

最近《さいきん》では、天然《てんねん》のチクルの代《か》わりに、酢酸《さくさん》ビニル樹脂《じゅし》というプラスチックの仲間《なかま》を使《つか》って、ガムを作《つく》っています。

ガムをかむことで、集中力《しゅうちゅうりょく》や記《き》憶力《おくりょく》を高《たか》めたり、虫歯《むしば》になりにくくしたりと、いろいろな効果《こうか》が期《き》待《たい》できます。大昔《おおむかし》の人《ひと》も、何度《なんど》もかむうちに、この効果《こうか》に気《き》づいていたのかもしれませんね。

ビーフシチューを作《つく》ろうとしたら、肉《にく》じゃがになった!?

「肉《にく》じゃが」は、日本《にほん》の人《ひと》びとに親《した》しまれている和食《わしょく》の一《ひと》つです。その誕生《たんじょう》にはこんな説《せつ》があります。

明治時代《めいじじだい》に海軍《かいぐん》で活躍《かつやく》した東郷平八郎《とうごうへいはちろう》は、若《わか》いころイギリスに留学《りゅうがく》していたときに、ビーフシチューの味《あじ》に感動《かんどう》したそうです。帰国後《きこくご》も、その味《あじ》が忘《わす》れられず、軍艦内《ぐんかんない》で食《た》べられるよう部下《ぶか》にビーフシチュー作《づく》り

を命《めい》じたそうです。

しかし、当時《とうじ》の日本《にほん》では、ワインやバターなどの食材《しょくざい》を手《て》に入《い》れることが難《むずか》しかったため、料理長《りょうりちょう》は代《か》わりに砂糖《さとう》やしょうゆを使《つか》って、似《に》たような料理《りょうり》を作《つく》りました。それが、「肉《にく》じゃが」の始《はじ》まりだといわれています。

肉《にく》じゃがの発祥地《はっしょうち》については、広島県《ひろしまけん》の呉市《くれし》という説《せつ》や、京都府《きょうとふ》の舞鶴市《まいづるし》という説《せつ》があります。

東郷平八郎《とうごうへいはちろう》

明治時代《めいじじだい》に活躍《かつやく》した軍人《ぐんじん》。明治維新後《めいじいしんご》は政府《せいふ》の海軍《かいぐん》に入《はい》り、日露戦争《にちろせんそう》ではロシアのバルチック艦隊《かんたい》を破《やぶ》って、日本《にほん》を勝利《しょうり》に導《みちび》いた。

もんじゃ焼《や》きの名《な》前《まえ》の由《ゆ》来《らい》は、鉄《てっ》板《ぱん》に文《も》字《じ》を書《か》いて焼《や》いたから

「もんじゃ焼《や》き」は、水《みず》で溶《と》いた小麦粉《むぎこ》にキャベツやコーンなどの具《ぐ》を混《ま》ぜ合《あ》わせて鉄板《てっぱん》で焼《や》き、ヘラを使《つか》って食《た》べる料理《りょうり》です。

この「もんじゃ焼《や》き」という名前《なまえ》は、じつは勉強《べんきょう》と深《ふか》い関《かか》わりがあることを知《し》っていますか？

江戸時代《えどじだい》の終《お》わりごろから明治時代《めいじじだい》にかけては、紙《かみ》や習字《しゅうじ》の道具《どうぐ》をなかなか手《て》に入《い》れることができませんでした。そこで、子《こ》どもたちに、水《みず》で小麦粉《こむぎこ》を溶《と》いた生地《きじ》で、鉄板《てっぱん》に文字《もじ》を書《か》いて教《おし》えていました。

それが「文字焼《もじや》き」と呼《よ》ばれ、後《のち》に「もんじゃ焼《や》き」へと変化《へんか》していったのです。

かつては、駄菓子屋《だがしや》で手《て》ごろなおやつとして売《う》られていたもんじゃ焼《や》きですが、今《いま》では東京《とうきょう》の下町《したまち》の味《あじ》として、子《こ》どもから大人《おとな》まで広《ひろ》く親《した》しまれています。

すき焼《や》きは畑《はたけ》を耕《たがや》す「鋤《すき》」の上《うえ》で焼《や》いたのが始《はじ》まり

鋤《すき》は、地面《じめん》のほり起《お》こしに使《つか》われる農工具《のうこうぐ》。はばの広《ひろ》い刃《は》に、まっすぐな柄《え》がついている。

江戸時代《えどじだい》の中《なか》ごろ、関西《かんさい》では、農具《のうぐ》の鋤《すき》を鉄板《てっぱん》代《が》わりにして、牛肉《ぎゅうにく》を焼《や》いたものを「鋤焼《すきやき》」と呼《よ》んでいました。これが「すき焼《や》き」の始《はじ》まりといわれています。

関東《かんとう》でも、明治《めいじ》以降《いこう》に、動物《どうぶつ》の肉《にく》を食《た》べるようになり、横浜《よこはま》や東京《とうきょう》では「牛鍋《ぎゅうなべ》」と呼《よ》ばれる料理《りょうり》を出《だ》す店《みせ》がはやりました。すき焼《や》きは肉《にく》を焼《や》いてから煮《に》るのに対《たい》し、牛鍋《ぎゅうなべ》は最初《さいしょ》からたれで具材《ぐざい》を煮《に》る料理《りょうり》です。

今《いま》では関東《かんとう》でも、牛鍋《ぎゅうなべ》の関西《かんさい》の呼《よ》び名《な》であった「すき焼《や》き」で親《した》しまれています。

小《ちい》さくくだけたお釈迦様《しゃかさま》の白《しろ》い骨《ほね》の色《いろ》や形《かたち》が米《こめ》つぶに似《に》ているよ！
ご飯《はん》(シャリ)

米《こめ》つぶを「シャリ」というのは、お釈《しゃ》迦《か》様《さま》の骨《ほね》に似《に》ているから

白米《はくまい》のご飯《はん》を「銀《ぎん》シャリ」、すしの酢飯《すめし》を「シャリ」と呼《よ》ぶことがありますが、「シャリ」とはどういう意味《いみ》なのでしょう。

もともとは仏教用語《ぶっきょうようご》であり、サンスクリット語《ご》で「遺骨《いこつ》」を意味《いみ》する「シャリーラ（舎利《しゃり》）」に由来《ゆらい》しているといわれています。「舎利《しゃり》」とは、火葬《かそう》にされたお釈迦様《しゃかさま》の骨《ほね》のこと（仏舎利《ぶっしゃり》）をさします。

小《ちい》さくくだけた白《しろ》い骨《ほね》の色《いろ》や形《かたち》が、米《こめ》つぶに似《に》ていたことから、「シャリ」と呼《よ》ぶようになったという説《せつ》が有力《ゆうりょく》です。

他《ほか》にも、お釈迦様《しゃかさま》の骨《ほね》が土《つち》にかえり、めぐりめぐって米《こめ》などの穀物《こくもつ》となり、人《ひと》びとを助《たす》けるという教《おし》えから、サンスクリット語《ご》で米《こめ》を表《あらわ》す「シャーリ」に由来《ゆらい》するという説《せつ》もあります。

トロもネギも使《つか》わなくてもネギトロ!?

おすしの「ネギトロ」といえば、きざんだ「ネギ」とたたいたマグロの「トロ」が入《はい》ったものとされていますが、じつはトロもネギも入《はい》っていない場合《ばあい》があります。

マグロの肉《にく》は、大《おお》きく分《わ》けて背骨《せぼね》（中骨《なかぼね》）の周《まわ》りにある赤身《あかみ》

マグロの部位《ぶい》

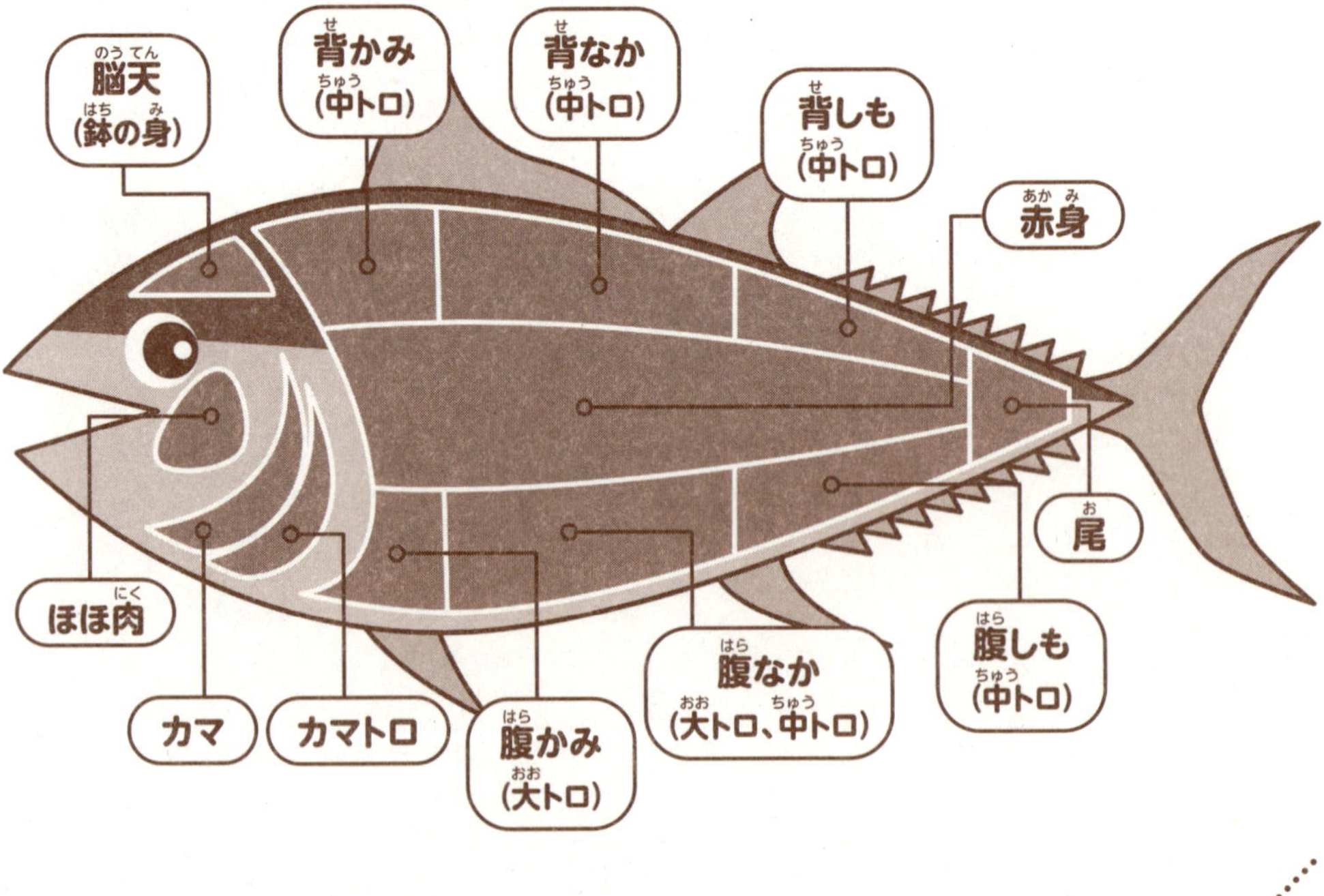
脳天《のうてん》(鉢《はち》の身《み》)
背《せ》かみ(中《ちゅう》トロ)
背《せ》なか(中《ちゅう》トロ)
背《せ》しも(中《ちゅう》トロ)
赤身《あかみ》
尾《お》
腹《はら》しも(中《ちゅう》トロ)
腹《はら》なか(大《おお》トロ、中《ちゅう》トロ)
腹《はら》かみ(大《おお》トロ)
カマトロ
カマ
ほほ肉《にく》

の部分《ぶぶん》と、その周囲《しゅうい》にある脂《あぶら》の多《おお》い「トロ」の部分《ぶぶん》に分《わ》けられます。

中骨《なかぼね》から取《と》った身《み》のことを「中落《なかお》ち」とよんでいます。この中落《なかお》ちから取《と》った赤身肉《あかみにく》に脂《あぶら》を混《ま》ぜ、包丁《ほうちょう》でたたいて滑《なめ》らかにすると、まるでトロのようになるので、代用《だいよう》としてネギトロに使《つか》う場合《ばあい》があるそうです。

骨《ほね》についている中落《なかお》ちの身《み》を、スプーンなどで「ねぎ取《と》る」ということから「ネギトロ」という名前《なまえ》になったという説《せつ》もある。

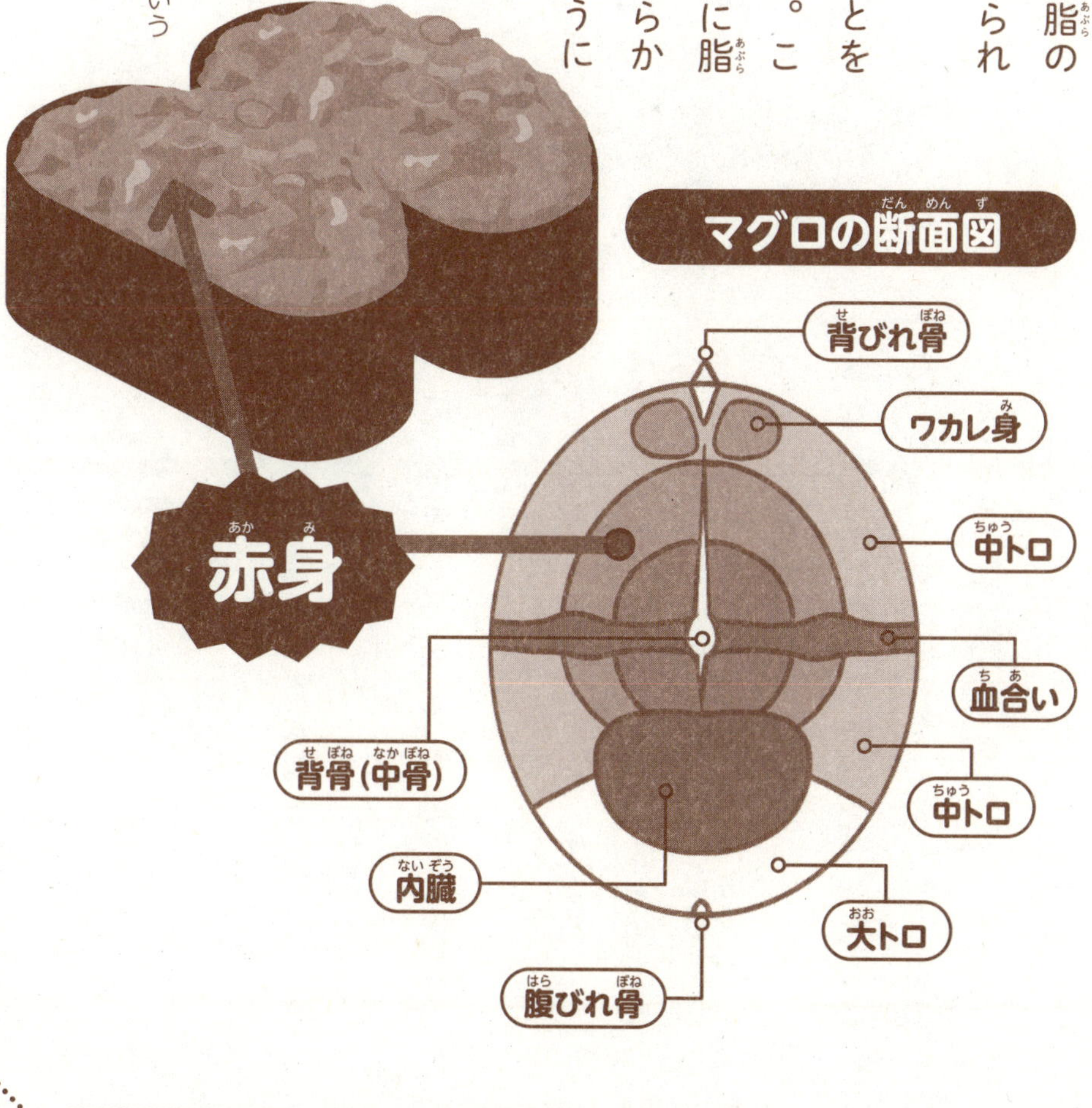

すしは、東《とう》南《なん》アジア生《う》まれ

日本食《にほんしょく》を代表《だいひょう》するものといえば、やはり「すし」ではないでしょうか。すしは、世界中《せかいじゅう》で食《た》べられている人気《にんき》の日本食《にほんしょく》です。

ところが、すしは日本《にほん》で生《う》まれた食《た》べ物《もの》ではありません。大昔《おおむかし》に中国《ちゅうごく》から伝《つた》わった、東南《とうなん》アジア生《う》まれの「なれずし」がもとになっています。

「なれずし」は、魚《さかな》を塩《しお》と米《こめ》でつけこんで発酵《はっこう》させた保存食《ほぞんしょく》です。食《た》べるのは魚《さかな》だけで、ご飯《はん》は捨《す》てていました。

それが、魚《さかな》だけではなくご飯《はん》をいっ

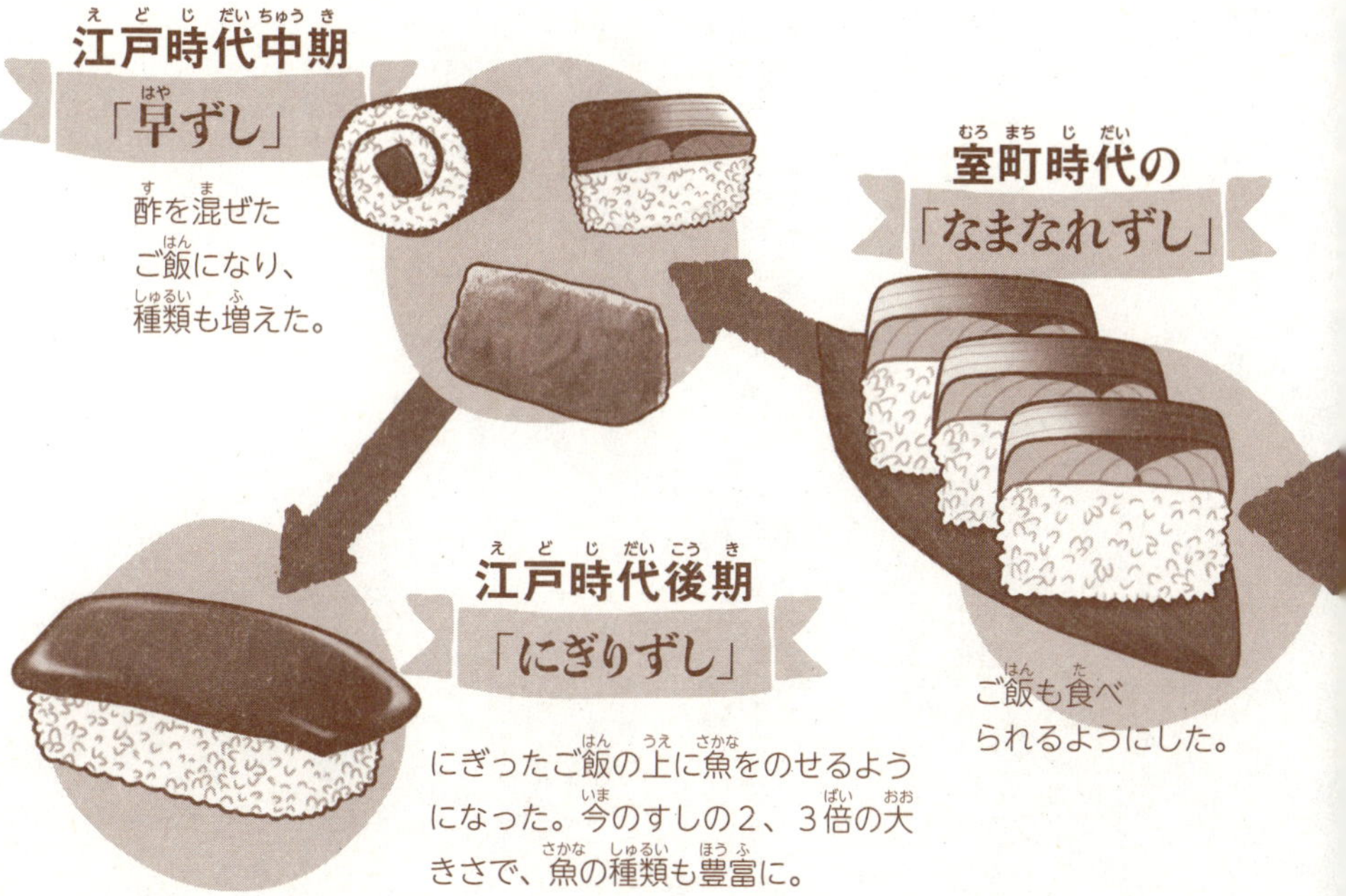
江戸時代中期《えどじだいちゅうき》
「早《はや》ずし」
酢《す》を混《ま》ぜたご飯《はん》になり、種類《しゅるい》も増《ふ》えた。
室町時代《むろまちじだい》の
「なまなれずし」
ご飯《はん》も食《た》べられるようにした。
江戸時代後期《えどじだいこうき》
「にぎりずし」
にぎったご飯《はん》の上《うえ》に魚《さかな》をのせるようになった。今《いま》のすしの2、3倍《ばい》の大《おお》きさで、魚《さかな》の種類《しゅるい》も豊富《ほうふ》に。

しょに発酵《はっこう》させて食《た》べる「なまなれずし」になり、江戸時代《えどじだい》に入《はい》るとご飯《はん》に酢《す》を混《ま》ぜた「早《はや》ずし」に変《か》わっていきました。この頃《ころ》になると、他《ほか》にも棒《ぼう》ずしやいなりずし、巻《ま》きずしなど、種類《しゅるい》もどんどん増《ふ》えていきました。

その後《ご》、より早《はや》くておいしいすしを求《もと》めて「にぎりずし」が登場《とうじょう》し、手軽《てがる》に屋台《やたい》で食《た》べられるようになりました。

最初《さいしょ》の頃《ころ》のにぎりずしは、おむすびくらいの大《おお》きさで、一口《ひとくち》では食《た》べられないため、2つに切《き》って提供《ていきょう》されました。今《いま》でもおすしが、1皿《さら》に2つで提《てい》供《きょう》されるのは、この習慣《しゅうかん》が残《のこ》っているからのようです。

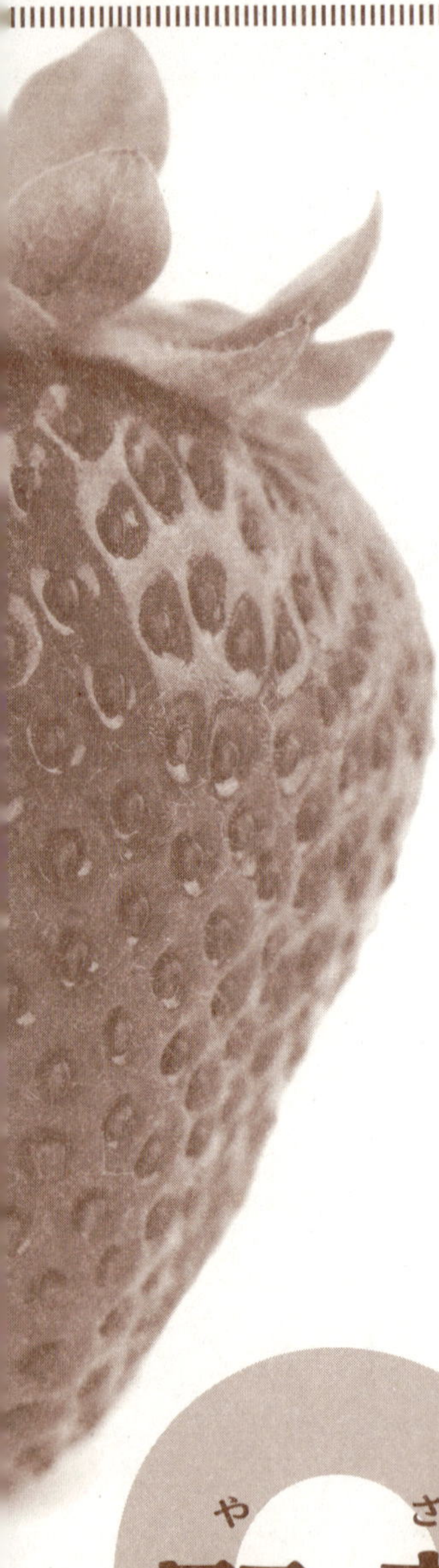

イチゴはくだものではなく野《や》菜《さい》！

イチゴは草《くさ》に実《み》がなるので
野《や》菜《さい》に分類《ぶんるい》される。

野《や》菜《さい》

果《か》実《じつ》的《てき》野《や》菜《さい》×くだもの

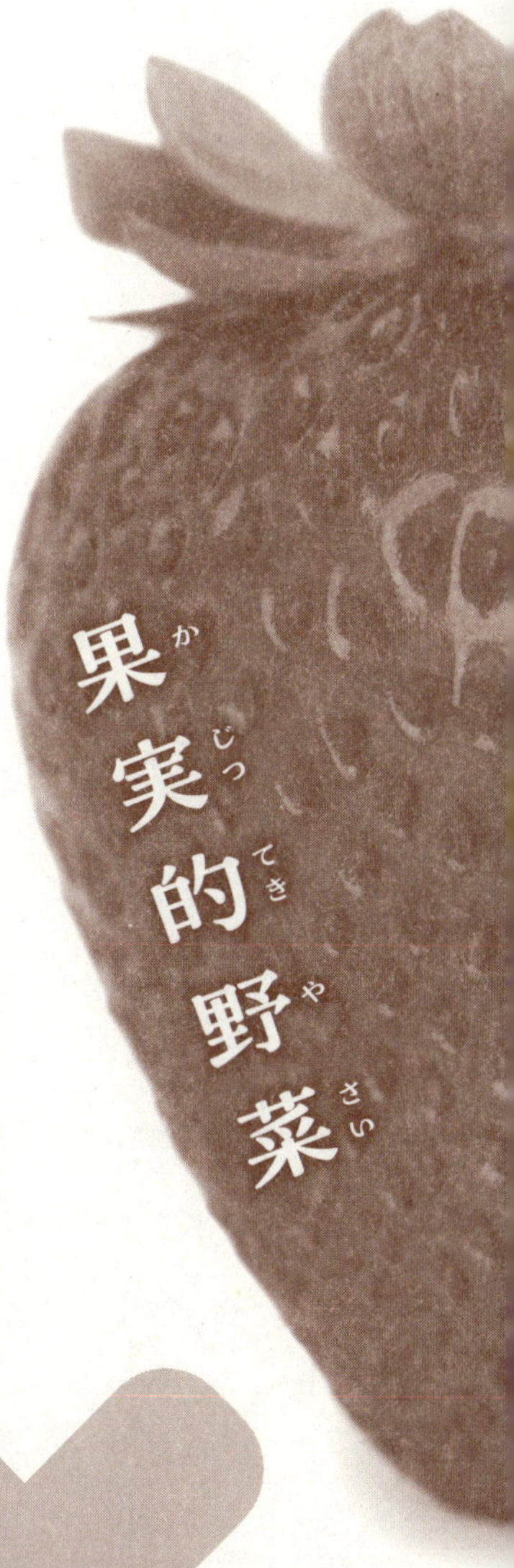

植物学《しょくぶつがく》では、果実《かじつ》や種子《しゅし》の部分《ぶぶん》をくだもの、食用《しょくよう》にする草《くさ》の葉《は》や茎《くき》、実《み》などを野菜《やさい》と分類《ぶんるい》しています。

農林水産省《のうりんすいさんしょう》では、苗《なえ》を植《う》えて1年《ねん》で収穫《しゅうかく》するものは野菜《やさい》、2年《ねん》以上栽培《いじょうさいばい》するものをくだものと分類《ぶんるい》しています。

イチゴは草《くさ》に実《み》がなり、毎年収穫《まいとししゅうかく》するので野菜《やさい》に分類《ぶんるい》されます。

でも、お店《みせ》では、イチゴはくだもの売《う》り場《ば》にならんでいますよね。このように、実際《じっさい》はくだものと同《おな》じように食《た》べられていることから、イチゴは「果実的野菜《かじつてきやさい》」と呼《よ》ばれています。

他《ほか》にも、メロンやスイカなどが果実的野菜《かじつてきやさい》です。

トマトは野菜《やさい》か

今《いま》から約《やく》130年前《ねんまえ》のアメリカで、「トマトは野菜《やさい》か、くだものか？」が争《あらそ》われたトマト裁判《さいばん》が行《おこな》われました。

当時《とうじ》のアメリカでは、野菜《やさい》の輸入《ゆにゅう》には税金《ぜいきん》がかかり、くだものの輸入《ゆにゅう》にはかかりませんでした。税金《ぜいきん》をはらいたくないトマト輸入業者《ゆにゅうぎょうしゃ》と、税金《ぜいきん》をはらわせたい農務省《のうむしょう》の間《あいだ》で争《あらそ》われたのです。↘

最高裁判所《さいこうさいばんしょ》が出《だ》した判決《はんけつ》は、トマトは「野菜《やさい》」。トマトは野菜畑《やさいばたけ》で栽培《さいばい》されていること、デザートとして食《た》べないことが理由《りゆう》だったそうです。

くだものかで裁判《さいばん》になった！

日本《にほん》では、トマトは野菜《やさい》に分類《ぶんるい》されています。実《み》や種子《しゅし》などを食《た》べる野菜《やさい》「果菜類《かさいるい》」です。最近《さいきん》では、甘《あま》みの強《つよ》いフルーツトマトなども増《ふ》えてきています（14ページも見《み》よう）。

じつは、アメリカでは、今《いま》でもトマトは野菜《やさい》かくだものか、はっきりしないようです。料理《りょうり》や栄養《えいよう》の本《ほん》などでは野菜《やさい》とされていますが、科学的《かがくてき》にはくだものに分類《ぶんるい》されているそうです。

2つの名《な》前《まえ》を持《も》つ食《た》べ物《もの》

世《よ》の中《なか》には、同《おな》じ食《た》べ物《もの》なのに違《ちが》う呼《よ》ばれ方《かた》をするものがあります。本来《ほんらい》の呼《よ》び方《かた》の他《ほか》に、あだ名《な》としてつけられた「第《だい》2の名前《なまえ》」を持《も》つ食《た》べ物《もの》と、地域《ちいき》によって呼《よ》び方《かた》が違《ちが》うために名前《なまえ》がいくつもある食《た》べ物《もの》を紹介《しょうかい》しましょう。

あだ名《な》がある食《た》べ物《もの》

畑《はたけ》の肉《にく》 ダイズ

大豆《だいず》には、肉《にく》や魚《さかな》と同《おな》じような、質《しつ》の良《よ》いたんぱく質《しつ》がたくさん含《ふく》まれています。そのことから、「畑《はたけ》の肉《にく》」と呼《よ》ばれるようになりました。

海《うみ》のミルク カキ

カキはミルクと同《おな》じように、栄養価《えいようか》が高《たか》く、また身《み》の色《いろ》もミルクのように乳白色《にゅうはくしょく》なので、「海《うみ》のミルク」と呼《よ》ばれるようになったそうです。

悪魔《あくま》の舌《した》 コンニャク

コンニャクの花《はな》の一部《いちぶ》が、空《そら》に向《む》かって突《つ》き出《だ》した様子《ようす》が舌《した》のように見《み》えたことから、外国《がいこく》では「悪魔《あくま》の舌《した》」と呼《よ》ばれています。

森《もり》の宝石《ほうせき》 トリュフ

土《つち》の中《なか》に埋《う》まっているトリュフは、見《み》つけるのが難《むずか》しく貴重《きちょう》なので「森《もり》の宝石《ほうせき》」と呼《よ》ばれています。「黒《くろ》いダイヤ」と呼《よ》ばれることもあります。

同《おな》じだけど名前《なまえ》の違《ちが》う食《た》べ物《もの》

「今川焼《いまがわや》き」は、江戸《えど》（東京《とうきょう》）にあった今川橋《いまがわばし》の近《ちか》くで売《う》り出《だ》されたことからついた名前《なまえ》です。「大判焼《おおばんや》き」は今川焼《いまがわや》きより少《すこ》し大《おお》きかったのでこう呼《よ》ばれるようになったそうです。地域《ちいき》によっては「回転焼《かいてんや》き」などの名前《なまえ》もあります。

どちらも、ついたモチ米《ごめ》を丸《まる》めあんこで包《つつ》んだ和菓子《わがし》です。「ぼたもち」は、春《はる》に咲《さ》く「牡丹《ぼたん》」の花《はな》、「おはぎ」は、秋《あき》に咲《さ》く「萩《はぎ》」の花《はな》に由来《ゆらい》しています。

「しそ」は大《おお》きく分《わ》けて、「青《あお》じそ」と「赤《あか》じそ」の2種類《しゅるい》あります。「大葉《おおば》」は青《あお》じその葉《は》の部分《ぶぶん》のことです。昭和《しょうわ》時代《じだい》の半《なか》ば頃《ごろ》、スーパーなどで販売《はんばい》する際《さい》に、青《あお》じその芽《め》や花穂《かすい》と区別《くべつ》するための商品《しょうひん》名《めい》としてつけられました。

4章《しょう》

あした話《はな》したくなる

食《た》べ物《もの》の“なるほど”な話《はなし》

タマネギを切《き》ると、なみだが出《で》るのはなぜだろう？　そう思《おも》ったことはありませんか。

これは、タマネギにふくまれる「硫化《りゅうか》アリル」などの成分《せいぶん》と酵素《こうそ》が反応《はんのう》してできる、「プロパンチアールS-オキシド」という催涙《さいるい》成分《せいぶん》が原因《げんいん》です。

タマネギを切《き》るとなみだが出《で》るのは、この催涙成分《さいるいせいぶん》が飛《と》び出《だ》してきて、目《め》や鼻《はな》を刺激《しげき》するためです。

なみだが出《で》る成分《せいぶん》ができるしくみ
硫化《りゅうか》アリル
LFS
（酵素《こうそ》）
アリイナーゼ
（酵素《こうそ》）
分解《ぶんかい》
発生《はっせい》！
プロパンチアール
S-オキシド
（催涙成分《さいるいせいぶん》）
硫化《りゅうか》アリルなどの硫黄化合物《いおうかごうぶつ》が、アリイナーゼと催涙成分合成酵素《さいるいせいぶんごうせいこうそ》（LFS）という２つの酵素《こうそ》によって分解《ぶんかい》され、催涙成分《さいるいせいぶん》のプロパンチアールS-オキシドに変化《へんか》する。

水《みず》につけながら切《き》っても、催涙成分《さいるいせいぶん》が飛《と》ぶのを防《ふせ》げるよ。

タマネギは冷《ひ》やしてから切《き》るとなみだが出《で》ない！

この催涙成分《さいるいせいぶん》は、温度《おんど》が低《ひく》いと飛《と》びにくくなる性質《せいしつ》があるので、切《き》る前《まえ》に冷蔵庫《れいぞうこ》で冷《ひ》やすことで、なみだを流《なが》さずにタマネギを切《き》ることができます。

また、切《き》れ味《あじ》のよい包丁《ほうちょう》だと、タマネギの細胞《さいぼう》をこわさずに切《き》れるので、催涙成分《さいるいせいぶん》が飛《と》び出《だ》しにくくなります。

消《け》しゴムができる前《まえ》はパンで文字《もじ》を消《け》していた！

消《け》しゴムが発明《はつめい》されたのは、えんぴつが発明《はつめい》されてから200年《ねん》も後《あと》のこと。

消《け》しゴムが登場《とうじょう》するまでの間《あいだ》、えんぴつで書《か》いた文字《もじ》を消《け》すのに使《つか》われていたのが、なんと「パン」でした。

えんぴつで書《か》いた文字《もじ》が消《き》えるしくみ

えんぴつの
黒鉛《こくえん》のつぶ
黒鉛《こくえん》がパンにくっつき、
紙《かみ》からとれて
文字《もじ》が消えるる
食《た》べるのは
「食《しょく》パン」、
食《た》べないのは
「消《け》しパン」。

消《け》しゴムになるパンは、何《なん》の加工《かこう》もされていない「食《しょく》パン」です。内側《うちがわ》の白《しろ》い部分《ぶぶん》を丸《まる》めて、えんぴつで書《か》いた文字《もじ》を消《け》していきます。このパンは「消《け》しパン」と呼《よ》ばれていました。

「食《しょく》パン」は食《た》べるものなのに、なぜわざわざ「食《しょく》」という文字《もじ》をつけたのかというと、食《た》べないパンの「消《け》しパン」と区別《くべつ》するためだという説《せつ》があります。

今《いま》でも、木炭《もくたん》で絵《え》をえがくときには、消《け》しゴムでは硬《かた》すぎて用紙《ようし》がいたむため、パンを消《け》しゴム代《が》わりにして使《つか》っているそうです。

みかんの皮《かわ》で油《あぶら》よごれが落《お》ちる！

みかんを食《た》べた後《あと》、皮《かわ》を捨《す》てていませんか？　それ、ちょっともったいないかもしれません。

みかんの皮《かわ》には、「リモネン」という油成分《あぶらせいぶん》がふくまれています。この成分《せいぶん》は他《ほか》の油《あぶら》となじみがいいので、油《あぶら》よごれを浮《う》かせて落《お》とす働《はたら》きがあります。キッチンのベタベタした油《あぶら》よごれなら、みかんの皮《かわ》でこするだけで、ピカピカです。

ありがとう
リモネンさん。

リモネンは、みかんの皮《かわ》のぶつぶつした部分《ぶぶん》（油胞《ゆほう》）にある油《あぶら》に入《はい》っています。みかんの皮《かわ》をむくときに飛《と》び散《ち》っているのが、油胞《ゆほう》がつぶれて飛《と》び出《で》た、リモネンをふくんだ油《あぶら》です。

リモネンは、レモンやグレープフルーツなどの柑橘類《かんきつるい》にもふくまれています。

みかんの皮《かわ》の中《なか》のリモネン

リモネンはみかんの皮《かわ》のぶつぶつにある。

カチカチに固《かた》まった砂《さ》糖《とう》は、

容《よう》器《き》の中《なか》で砂《さ》糖《とう》が固《かた》まって、カチカチになっていることはありませんか？

しけって固《かた》まったと思《おも》っている人《ひと》もいるかもしれませんが、じつは逆《ぎゃく》に、乾《かん》燥《そう》して固《かた》まっているのです。

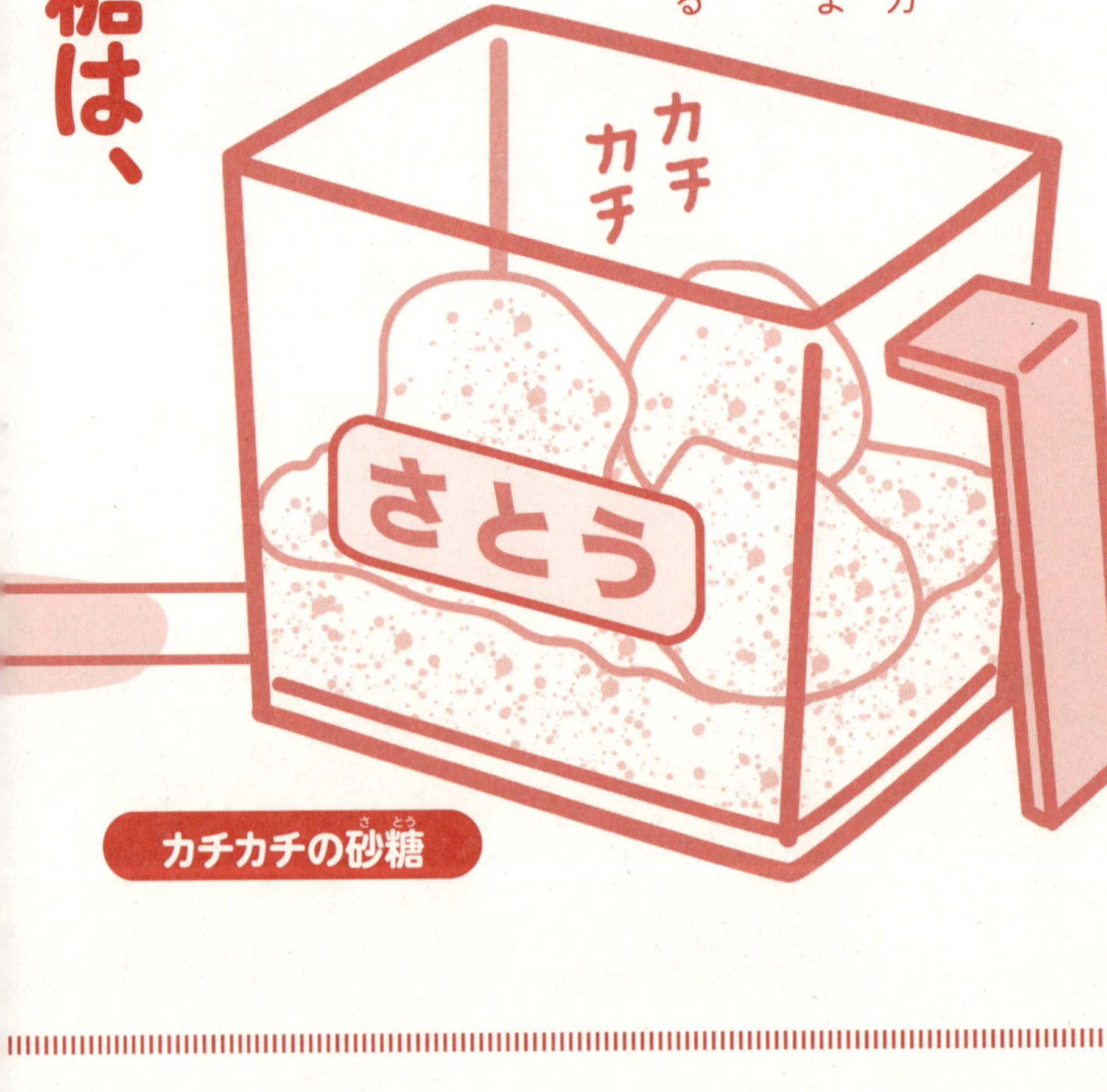

カチカチの砂《さ》糖《とう》

水《みず》でサラサラになる！

砂糖《さとう》は乾燥《かんそう》すると表面《ひょうめん》の水分《すいぶん》が奪《うば》われ、砂糖《さとう》の結晶同士《けっしょうどうし》がくっついてしまいます。そして、カチカチに固《かた》まってしまうというわけです。

砂糖《さとう》が固《かた》まってしまったときは、表面《ひょうめん》にきりふきなどで軽《かる》く水《みず》をふきかけて、密閉《みっぺい》した容器《ようき》に入《い》れて数時間《すうじかん》置《お》きます。すると、元《もと》のサラサラの状態《じょうたい》にもどります。

水《みず》をふきかけると……

サラサラの砂糖《さとう》にもどる！

リンゴといっしょに保存《ほぞん》したくだものは早《はや》く熟《じゅく》す！

リンゴの甘《あま》ずっぱいニオイには、「エチレン」という成分《せいぶん》がふくまれています。

エチレンには、他《ほか》のくだものの成《せい》長《ちょう》を助《たす》ける働《はたら》きがあります。青《あお》いバナナやキウイをリンゴの近《ちか》くに置《お》いておくと、早《はや》く熟《じゅく》して甘《あま》くなるのはそのせいです。

リンゴのように、エチレンが多《おお》く発生《はっせい》するくだものは他《ほか》にも、メロンやモモ、カキなどがあります。

　これらのくだものを、葉野菜《はやさい》といっしょに保存《ほぞん》すると、野菜《やさい》がいたみやすくなるので、しっかりとポリ袋《ぶくろ》に密閉《みっぺい》して別々《べつべつ》に保存《ほぞん》しておきましょう。

エチレンは、ジャガイモにとっては成長《せいちょう》をおさえる働《はたら》きもあり、芽《め》が出《で》にくくなる。

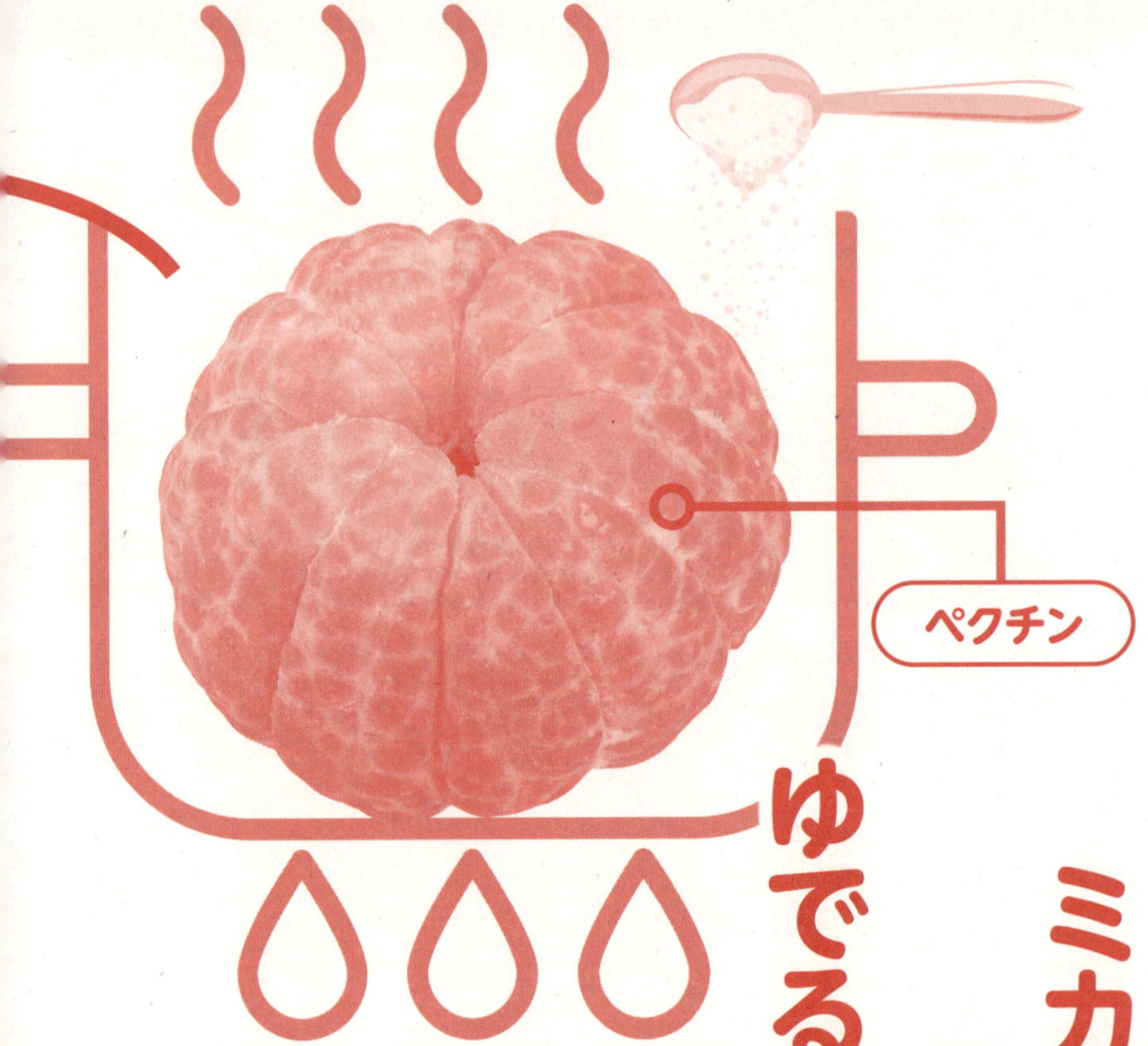

ミカンの薄皮《うすかわ》は重《じゅう》そう水《すい》でゆでると消《き》える！

缶詰《かんづめ》に入《はい》っているミカンのように、1つぶずつ薄皮《うすかわ》がむいてあると食《た》べやすいけれど、自分《じぶん》でむくのは少《すこ》しめんどうですよね。

この薄皮《うすかわ》を、いっきにとる方法《ほうほう》があるんです、それは、重《じゅう》そうを使《つか》う方法《ほうほう》です。

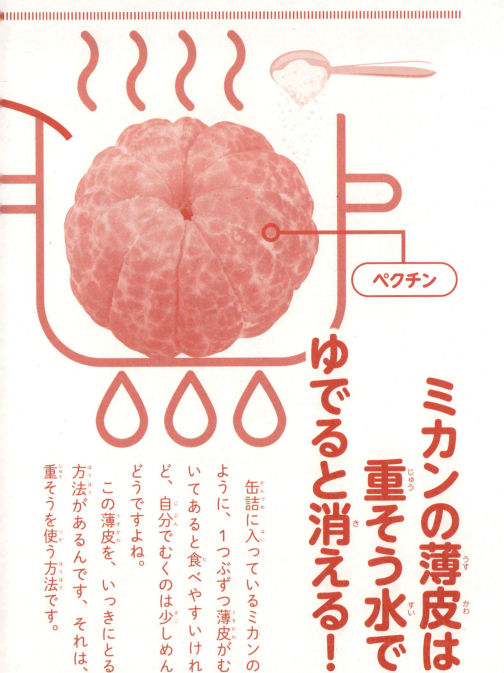

キレイにむけた！

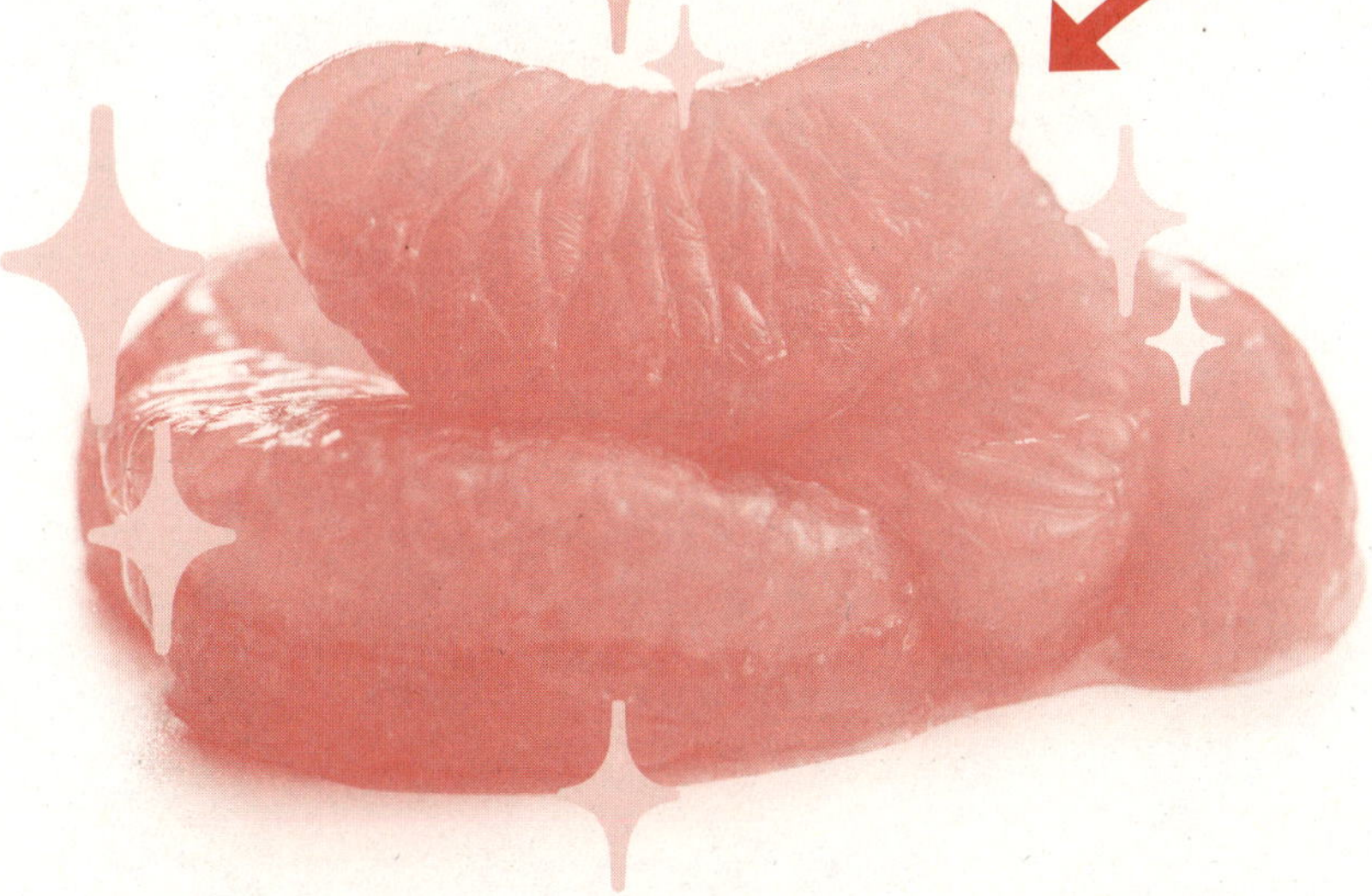

薄皮《うすかわ》は水溶性《すいようせい》の食物繊維《しょくもつせんい》「ペクチン」でできています。ペクチンは、アルカリ性《せい》の成分《せいぶん》に分解《ぶんかい》される特徴《とくちょう》があります。

重《じゅう》そうを溶《と》かした水溶液《すいようえき》は、ごく弱《よわ》いアルカリ性《せい》なので、そのお湯《ゆ》でミカンを薄皮《うすかわ》ごと1～2分《ふん》ゆでると、薄皮《うすかわ》が溶《と》けキレイにとりのぞけるのです。

重《じゅう》そうは台所《だいどころ》そうじによく使《つか》われるよ！

紅色《べにいろ》のサケ、じつは白身魚《しろみざかな》の仲間《なかま》！

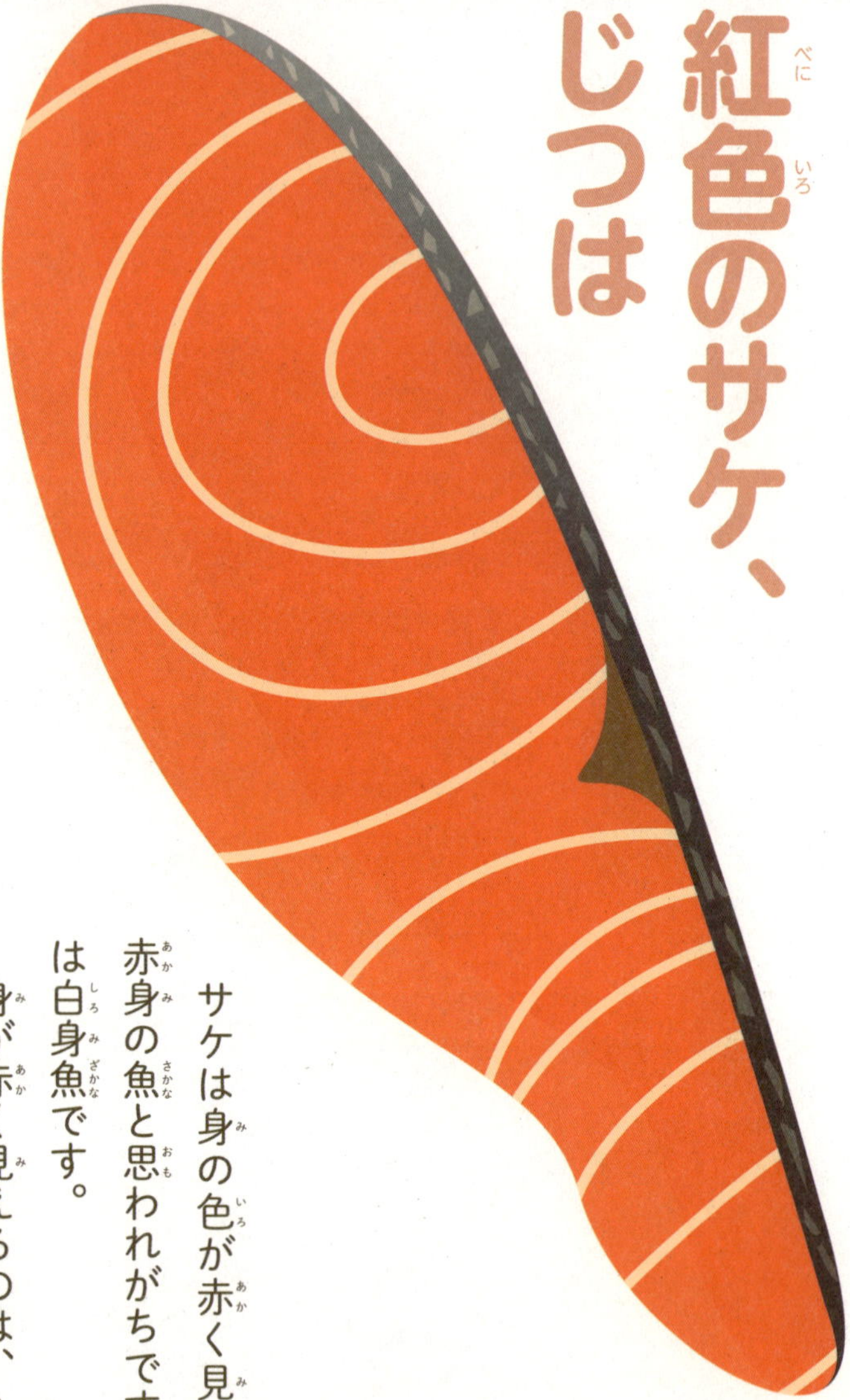

サケは身《み》の色《いろ》が赤《あか》く見《み》えるので、赤身《あかみ》の魚《さかな》と思《おも》われがちですが、じつは白身魚《しろみざかな》です。
身《み》が赤《あか》く見《み》えるのは、もともとの身《み》の色《いろ》ではなくエサによるものです。

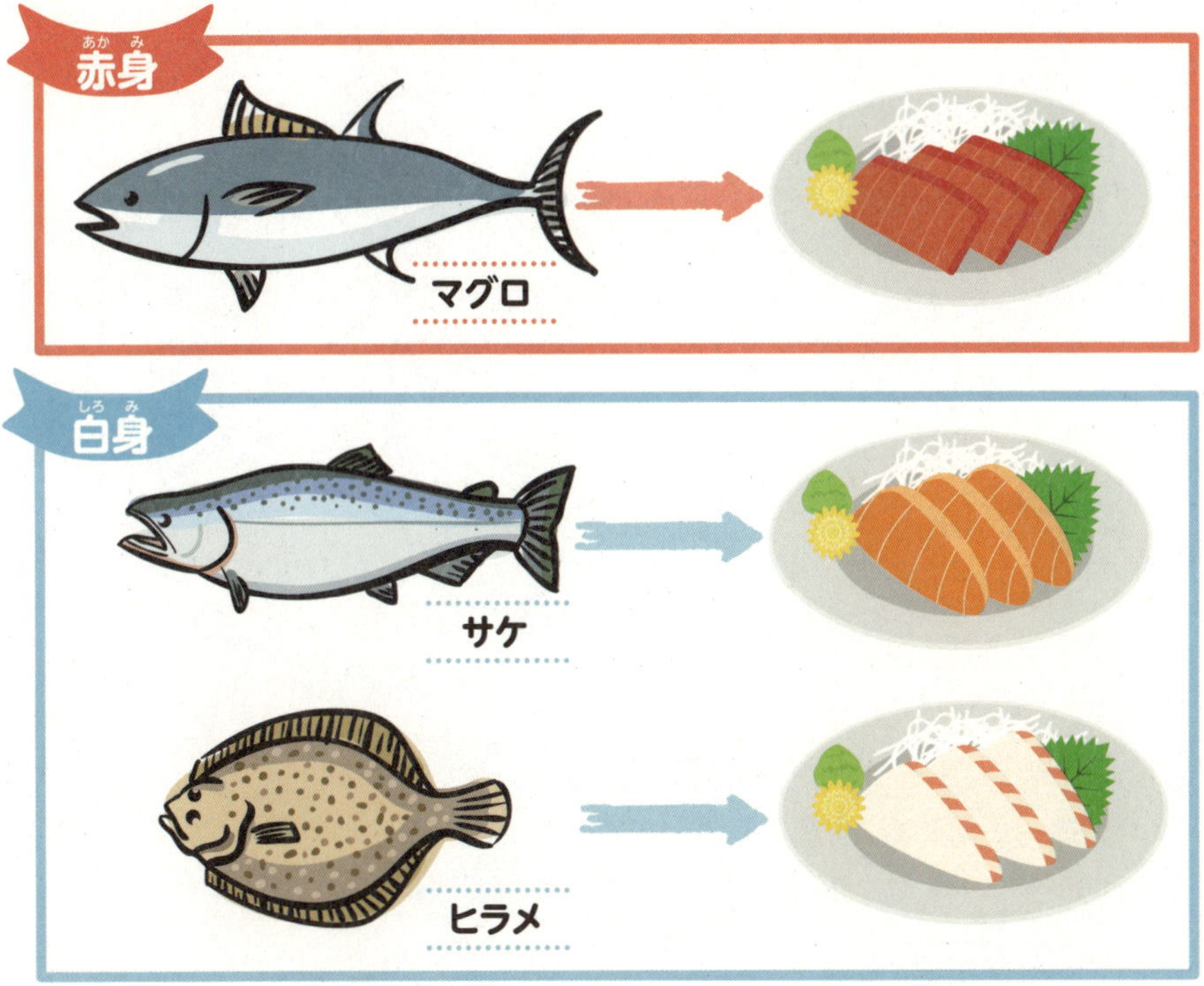

サケが食《た》べるオキアミやエビには、「アスタキサンチン」という色素《しきそ》がふくまれています。これが体内《たいない》に蓄積《ちくせき》されると、身《み》がどんどん赤《あか》くなるのです。

　魚《さかな》が白身《しろみ》なのか赤身《あかみ》なのかは、もともとの身《み》の色《いろ》ではなく、色素《しきそ》たんぱく質《しつ》という成分《せいぶん》がどれくらいふくまれているかによります。100グラム当《あ》たり10ミリグラム以上《いじょう》ふくまれていれば赤身魚《あかみざかな》、ふくまれていなければ白身魚《しろみざかな》です。

　赤身魚《あかみざかな》の身《み》には鉄分《てつぶん》が多《おお》くふくまれているため、熱《ねつ》を加《くわ》えると色《いろ》が変《か》わりますが、サケは変《か》わりません。

卵《たまご》のカラの色《いろ》は、ニワトリの種類《しゅるい》で決《き》まる！

「白色《はくしょく》レグホン」という種類《しゅるい》のニワトリで、日本《にほん》では飼育数《しいくすう》の約《やく》80％と多《おお》くを占《し》め、世界的《せかいてき》にも普及《ふきゅう》している。白《しろ》い卵《たまご》を産《う》む。

「ロードアイランドレッド」という種類《しゅるい》のニワトリで、体《からだ》が大《おお》きく産卵用《さんらんよう》だけでなく肉《にく》用《よう》にも適《てき》している。生産量《せいさんりょう》は白《しろ》い卵《たまご》よりも少《すく》なく高価《こうか》。

スーパーなどで見《み》かける、白《しろ》い卵《たまご》（白玉《しろだま》）と茶色《ちゃいろ》い卵《たまご》（赤玉《あかだま》）のちがいは何《なん》でしょう？

この2つの色《いろ》のちがいは、ニワトリの種類《しゅるい》によって決《き》まります。ほとんどの場合《ばあい》、親鶏《おやどり》の羽根《はね》の色《いろ》と同《おな》じ色《いろ》のカラをもつ卵《たまご》になります。

ただし、ちがう種類《しゅるい》をかけあわせて品種改良《ひんしゅかいりょう》した親鶏《おやどり》の場合《ばあい》などは、親鶏《おやどり》の羽根《はね》の色《いろ》と卵《たまご》のカラの色《いろ》が同《おな》じにならないこともあります。

また、白玉《しろだま》よりも赤玉《あかだま》のほうが、栄《えい》養《よう》が豊富《ほうふ》だと思《おも》っている人《ひと》もいるかもしれません。でも実際《じっさい》は、同《おな》じエサを食《た》べた場合《ばあい》、卵《たまご》のカラの色《いろ》がちがっても、栄養価《えいようか》は変《か》わりません。黄身《きみ》の色《いろ》についても同《おな》じで、色《いろ》の濃《こ》さがちがっても栄養価《えいようか》は変《か》わりません。

日本編《にほんへん》

有名人《ゆうめいじん》の好《す》きな食《た》べ物《もの》

歴史《れきし》に名《な》を残《のこ》した有名《ゆうめい》人《じん》たちは、どんな食《た》べ物《もの》が好《す》きだったのか、気《き》になったことはありませんか？　さまざまな時代《じだい》の有名人《ゆうめいじん》たちの、好《す》きな食《た》べ物《もの》を紹介《しょうかい》します。

織田信長《おだのぶなが》

干《ほ》し柿《がき》

織田信長《おだのぶなが》といえば、戦国武将《せんごくぶしょう》の中《なか》でも怖《こわ》いイメージがありますが、じつは甘《あま》いものが大好《だいす》きだったそうです。中《なか》でも干《ほ》し柿《がき》がお気《き》に入《い》りで、自分《じぶん》で食《た》べるだけでなく、事《こと》あるごとに周囲《しゅうい》の人《ひと》たちに干《ほ》し柿《がき》をプレゼントしたそうです。

織田信長《おだのぶなが》

戦国時代《せんごくじだい》から安土桃山時代《あづちももやまじだい》にかけて活躍《かつやく》した、尾張国《おわりのくに》（愛知県《あいちけん》）出身《しゅっしん》の武将《ぶしょう》。天下統一《てんかとういつ》を目指《めざ》すが、家臣《かしん》のクーデターによって倒《たお》された。

豊臣秀吉《とよとみひでよし》
麦《むぎ》めし

低《ひく》い身分《みぶん》から天下人《てんかびと》となった豊臣秀吉《とよとみひでよし》は、出世後《しゅっせご》はぜいたくな食事《しょくじ》を楽《たの》しんだようです。そんな秀吉《ひでよし》ですが、いちばんおいしかったのは、まだ身分《みぶん》が低《ひく》くいつもおなかを空《す》かせていた時代《じだい》に食《た》べた麦《むぎ》めしだと語《かた》っています。

豊臣秀吉《とよとみひでよし》

戦国時代《せんごくじだい》から安土桃山時代《あづちももやまじだい》にかけて活躍《かつやく》した、尾張国《おわりのくに》（愛知県《あいちけん》）出身《しゅっしん》の武将《ぶしょう》。信長《のぶなが》の家臣《かしん》で、信長《のぶなが》の死後《しご》、天下統一《てんかとういつ》を果《は》たした。

徳川家康《とくがわいえやす》
鯛《たい》の天《てん》ぷら

徳川家康《とくがわいえやす》

戦国時代《せんごくじだい》から江戸時代《えどじだい》にかけて活躍《かつやく》した、三河国《みかわのくに》（愛知県《あいちけん》）出身《しゅっしん》の武将《ぶしょう》。秀吉《ひでよし》の死後《しご》、天下人《てんかびと》の座《ざ》について江戸《えど》に幕府《ばくふ》を開《ひら》いた。

江戸幕府初代将軍《えどばくふしょだいしょうぐん》の徳川家康《とくがわいえやす》は、健康《けんこう》オタクで有名《ゆうめい》で、普段《ふだん》は質《しっ》素《そ》な食生活《しょくせいかつ》をしていました。そんな家康《いえやす》がはまったのが、鯛《たい》の天《てん》ぷらでした。あまりにもおいしくて、一度《いちど》に大鯛《おおだい》２匹《ひき》、甘鯛《あまだい》３匹分《びきぶん》も食《た》べたそうです。

紫式部《むらさきしきぶ》
イワシ

紫式部《むらさきしきぶ》

平安時代《へいあんじだい》に活躍《かつやく》した、宮中《きゅうちゅう》に仕《つか》える女房《にょうぼう》であり、作家《さっか》、歌人《かじん》。世界最古《せかいさいこ》の長編小説《ちょうへんしょうせつ》『源氏物語《げんじものがたり》』の作者《さくしゃ》。

おいしい青魚《あおざかな》のイワシは、昔《むかし》から庶民《しょみん》の食《た》べ物《もの》として親《した》しまれてきました。でも平安時代《へいあんじだい》の貴族《きぞく》にとっては、下品《げひん》な食《た》べ物《もの》とされていました。ところが、この時代《じだい》の作家《さっか》の紫式部《むらさきしきぶ》は、貴族《きぞく》なのにイワシが好物《こうぶつ》で、夫《おっと》に隠《かく》れてこっそり食《た》べていたのだそうです。

北条政子《ほうじょうまさこ》
そばがき

鎌倉時代《かまくらじだい》の将軍《しょうぐん》・源頼朝《みなもとのよりとも》の妻《つま》として、夫《おっと》や息子《むすこ》を支《ささ》えた北条政子《ほうじょうまさこ》は、そば粉《こ》を水《みず》で練《ね》ったそばがき（かいもち）が好《す》きだったそうです。そばにふくまれるルチンやビタミンＢ１でエネルギーを補給《ほきゅう》していたのかもしれませんね。

北条政子《ほうじょうまさこ》

鎌倉時代《かまくらじだい》の女性《じょせい》。夫《おっと》で鎌倉幕府《かまくらばくふ》初代征夷大将軍《しょだいせいいたいしょうぐん》の源頼朝《みなもとのよりとも》の死後《じご》、幕府《ばくふ》を守《まも》るために活躍《かつやく》し、「尼将軍《あましょうぐん》」と呼《よ》ばれた。

夏目漱石《なつめそうせき》
落花糖《らっかとう》

明治時代《めいじじだい》の小説家《しょうせつか》の夏目漱石《なつめそうせき》は、大《だい》の甘《あま》いもの好《ず》きで有名《ゆうめい》です。よく家《いえ》の中《なか》をウロウロして、お菓子《かし》を探《さが》し回《まわ》っていたそうです。中《なか》でもお気《き》に入《い》りだったのが、炒《い》った落花生《らっかせい》に砂《さ》糖《とう》をまぶした「落花糖《らっかとう》」で、いつも持《も》ち歩《ある》いてはボリボリ食《た》べていたそうです。

夏目漱石《なつめそうせき》

明治時代《めいじじだい》から大正時代《たいしょうじだい》にかけて活躍《かつやく》した小説家《しょうせつか》。『坊《ぼ》っちゃん』など多《おお》くの作《さく》品《ひん》がある。1984年《ねん》から2007年《ねん》まで千《せん》円札《えんさつ》の肖像《しょうぞう》になった。

渋沢栄一《しぶさわえいいち》
オートミール

一万円札《いちまんえんさつ》の肖像《しょうぞう》として有名《ゆうめい》な渋沢《しぶさわ》栄一《えいいち》は、江戸時代《えどじだい》の末期《まっき》に行《い》ったパリで、初《はじ》めてオートミールと出《で》会《あ》いました。それ以来《いらい》、「あれを食《た》べないと食事《しょくじ》をしたような気《き》がしない」というほど大好《だいす》きになり、毎朝牛乳《まいあさぎゅうにゅう》と砂糖《さとう》をたっぷりかけたオートミールを食《た》べたそうです。

渋沢栄一《しぶさわえいいち》

江戸時代《えどじだい》から昭和時代《しょうわじだい》にかけて活躍《かつやく》した実《じつ》業《ぎょう》家《か》。「近代日本経済《きんだいにほんけいざい》の父《ちち》」と呼《よ》ばれる。2024年《ねん》から一万円札《いちまんえんさつ》の肖像《しょうぞう》になった。

江戸時代《えどじだい》の 大食《おおぐ》い大会《たいかい》

最強《さいきょう》の胃袋《いぶくろ》を自慢《じまん》する人《ひと》たちが、誰《だれ》がいちばん多《おお》く食《た》べられるかを競《きそ》う「大食《おおぐ》い大会《たいかい》」。じつは江戸時《えどじ》代《だい》でも大人気《だいにんき》のイベントで、その様子《ようす》や出場者《しゅつじょうしゃ》の成《せい》績《せき》を記録《きろく》した本《ほん》が出版《しゅっぱん》されると、ベストセラーになるほどでした。

とくに有名《ゆうめい》なのが、1817年《ねん》に江戸《えど》の両国柳橋《りょうごくやなぎばし》にあった料理店《りょうりてん》で開《ひら》かれた「大食《おおぐ》い大会《たいかい》」。200人《にん》ほどの挑戦者《ちょうせんしゃ》が壮絶《そうぜつ》なバトルをくり広《ひろ》げたという記録《きろく》が残《のこ》っています。

この時《とき》の「大食《おおぐ》い大会《たいかい》」は、そばの部《ぶ》、菓子《かし》の部《ぶ》、酒《さけ》の部《ぶ》などいくつかの部門《ぶもん》に分《わ》かれて競《きそ》われました。そばの部《ぶ》で優勝《ゆうしょう》した人《ひと》は、せいろのそばを63杯《ぱい》たいらげました。また酒《さけ》の部《ぶ》で優勝《ゆうしょう》した人《ひと》は、3升《しょう》(5.4L)入《い》りの杯《さかずき》を6杯半《ぱいはん》も飲《の》んでいます。

この大会《たいかい》には、年齢《ねんれい》も職業《しょくぎょう》も関係《かんけい》なく参加《さんか》できました。中《なか》には飯《めし》の部《ぶ》で、73歳《さい》のおじいちゃんがお茶《ちゃ》碗《わん》54杯《はい》もたいらげたという記録《きろく》が残《のこ》されています。

5 章《しょう》

あした話《はな》したくなる

食《た》べ物《もの》の“おどろき”の事《じ》実《じつ》 2

食事《しょくじ》の前《まえ》に いただきます を 言《い》うのは日本《にほん》だけ！

ごちそうさま

食事《しょくじ》の前《まえ》の「いただきます」は、日本特有《にほんとくゆう》のあいさつです。まったく同《おな》じ意味《いみ》の言葉《ことば》は、世界《せかい》のどこの国《くに》にも見当《みあ》たりません。

「いただきます」は、すべての食材《しょくざい》には命《いのち》があり、その命《いのち》をいただくことで、自分《じぶん》が生《い》かされているという「感謝《かんしゃ》」の言葉《ことば》です。また、食材《しょくざい》と料理《りょうり》を作《つく》ってくれた人《ひと》への「感謝《かんしゃ》」でもあります。

外国《がいこく》にも食事《しょくじ》の前《まえ》のあいさつはありますが、食《た》べ始《はじ》めの合図《あいず》の意味《いみ》に近《ちか》く、そこに感謝《かんしゃ》の意味《いみ》があるわけではありません。

食事《しょくじ》の後《あと》の「ごちそうさま」にも、感謝《かんしゃ》がこめられています。「ごちそう（馳走《ちそう》）さま」に使《つか》われている「馳《ち》」と「走《そう》」は、どちらも「はしる」という意味《いみ》の漢字《かんじ》。「ごちそうさま」には、走《はし》り回《まわ》って食材《しょくざい》を探《さが》し料理《りょうり》を作《つく》ってくれた人《ひと》に対《たい》する「感謝《かんしゃ》」の意味《いみ》があります。

「いただきます」と「ごちそうさま」にこめられた感謝《かんしゃ》の気持《きも》ちを、これからも守《まも》り続《つづ》けていけるといいですね。

「バイキング」を食《た》べ放題《ほうだい》の意味《いみ》で使《つか》うのは日本《にほん》だけ！

好《す》きな料理《りょうり》を好《す》きなだけとって食《た》べる「食《た》べ放題《ほうだい》」の形式《けいしき》を「ビュッフェ」や「バイキング」と呼《よ》びます。

このセルフサービスで食《た》べ放題《ほうだい》のビュッフェ形式《けいしき》の食事《しょくじ》は、北欧《ほくおう》のホテルやレストランなどでよく見《み》られるスタイルです。

しかし、「バイキング」と呼《よ》ぶのは、じつは日本《にほん》だけなのを知《し》っていますか？

そもそも「バイキング」とは、北欧《ほくおう》の海賊《かいぞく》のこと。では、なぜ日本《にほん》では食《た》べ放題《ほうだい》を「バイキング」と呼《よ》ぶようになったのでしょう。

それは、今《いま》から70年《ねん》ほど前《まえ》、東京《とうきょう》の帝国《ていこく》ホテルが北欧《ほくおう》の食事形式《しょくじけいしき》をまねた食《た》べ放題《ほうだい》のレストランを開業《かいぎょう》し、「インペリアルバイキング」と名《な》づけたからです。

名前《なまえ》の由来《ゆらい》は、当時《とうじ》人気《にんき》だった海賊映画《かいぞくえいが》の「バイキング」。海賊《かいぞく》たちが豪快《ごうかい》に食《た》べる様子《ようす》が、「好《す》きなものを好《す》きなだけとって食《た》べる」レストランのイメージにぴったりだったからだそうです。

このレストランが人気《にんき》になり、いつしか食《た》べ放題《ほうだい》のことを「バイキング」というようになったのです。

ティーカップの受《う》け皿《ざら》はもともと熱《あつ》いお茶《ちゃ》を冷《さ》ますものだった！

現在《げんざい》のティーカップの受《う》け皿《ざら》は、ティースプーンを置《お》いたり、熱《あつ》いカップを持《も》ちやすくするなどの役《やく》割《わり》で使《つか》われています。

ところが、17世紀《せいき》ごろのヨーロッパでは、おどろきの使《つか》い方《かた》をしていました。なんと、カップから熱《あつ》いお茶《ちゃ》を受《う》け皿《ざら》に移《うつ》して、冷《さ》ましてから飲《の》んでいたのです。

はじめはお茶《ちゃ》を冷《さ》ますための受《う》け皿《ざら》だったので、今《いま》よりも深《ふか》めのお皿《さら》だった。受《う》け皿《ざら》で飲《の》む作法《さほう》がなくなっても、受《う》け皿《ざら》はそのまま残《のこ》っている。

当時《とうじ》のティーカップは、現在《げんざい》のような取《と》っ手《て》がついておらず、カップ自体《じたい》も小《ちい》さなものでした。そのため、紅茶《こうちゃ》を飲《の》むカップとしては、熱《あつ》くて持《も》ちにくく、飲《の》みにくいものだったようです。

そこで、考《かんが》え出《だ》されたのが、紅茶《こうちゃ》をカップから受《う》け皿《ざら》に移《うつ》して冷《さ》まして飲《の》む方法《ほうほう》です。こうして、ティーカップには受《う》け皿《ざら》がつくようになったのです。

カップに取《と》っ手《て》がついた後《あと》も、しばらく受《う》け皿《ざら》にお茶《ちゃ》を移《うつ》して冷《さ》まして飲《の》む習慣《しゅうかん》は続《つづ》きました。

ヨーロッパでは豚《ぶた》の血《ち》を混《ま》ぜたソーセージを食《た》べる

イギリスの朝食《ちょうしょく》には、お皿《さら》に1センチくらいの厚《あつ》さにスライスされた黒《くろ》いソーセージがのっていることがあります。

これは、フランスやドイツを始《はじ》め、ヨーロッパ各地《かくち》で見《み》られる「ブラッドソーセージ」です。

ブラッドソーセージとは、動《どう》物《ぶつ》の血《ち》を混《ま》ぜたソーセージのこ

ブラッドソーセージには、コクと独特《どくとく》な味《あじ》わいがあるそうだ。

と。古代《こだい》ギリシャの文献《ぶんけん》に出《で》てくるほど、古《ふる》くから食《た》べられている伝統的《でんとうてき》な食《た》べ物《もの》です。これは、命《いのち》ある生《い》き物《もの》を余《あま》すところなく食《た》べるための工夫《くふう》の一《ひと》つで、血《ち》の他《ほか》に心臓《しんぞう》や肝臓《かんぞう》、舌《した》や皮《かわ》などを入《い》れたりもします。

イギリスでは「ブラック・プディング」という名前《なまえ》で、豚《ぶた》の血《ち》にオーツ麦《むぎ》やハーブ、スパイス類《るい》と豚《ぶた》の脂肪分《しぼうぶん》を混《ま》ぜ合《あ》わせて作《つく》ります。

動物《どうぶつ》の血《ち》を混《ま》ぜるなんて！　と驚《おどろ》いてしまいますが、貴重《きちょう》な家畜《かちく》をすべて使《つか》って食《た》べるという考《かんが》え方《かた》には納得《なっとく》ですね。

動物《どうぶつ》の血《ち》を使《つか》った食《た》べ物《もの》は、日本《にほん》や中国《ちゅうごく》、台湾《たいわん》などのアジアにもあります。どんなものがあるのか、調《しら》べてみましょう。

シュークリームの「シュー」は「キャベツ」のこと

薄《うす》い皮《かわ》の中《なか》にクリームがたっぷり入《はい》ったシュークリーム。大好《だいす》きな人《ひと》も多《おお》いでしょう。

「シュークリーム」は、フランス語《ご》で「シュー・ア・ラ・クレーム」といいます。「シュー」とは「キャベツ」という意味《いみ》の言葉《ことば》で、「クリーム入りのキャベツ」という意味《いみ》になります。

日本《にほん》にシュークリームを伝《つた》えたのは、江戸《えど》時代《じだい》の終《お》わりごろに横浜《よこはま》で洋菓子店《ようがしてん》を開《ひら》いたフランス人《じん》のサミュエル・ピエール。

似《に》てる？

なぜキャベツという名前《なまえ》になったのかというと、形《かたち》が似《に》ているからだとか。

他《ほか》にも、私《わたし》たちがよく知《し》っている食《た》べ物《もの》の中《なか》には、フランス語《ご》のものがあります。たとえば、「クロワッサン」は「三日月《みかづき》」、「エクレア」は「稲妻《いなずま》（エクレール）」、「ミルフィーユ」は「千枚《せんまい》の葉《は》っぱ」という意味《いみ》のフランス語《ご》です。

ちなみに、栗《くり》を使《つか》ったケーキの「モンブラン」も、「白《しろ》い山《やま》」という意味《いみ》のフランス語《ご》です。年中雪《ねんじゅうゆき》におおわれた白《しろ》い山《やま》を、生《なま》クリームや粉砂糖《こなざとう》で表現《ひょうげん》したお菓子《かし》です。日本《にほん》では、栗《くり》の甘露《かんろ》煮《に》やカボチャを使《つか》った、黄色《きいろ》いモンブランも親《した》しまれています。

日本《にほん》にキャベツが伝《つた》わったのは、江戸時代《えどじだい》といわれている。最初《さいしょ》は食用《しょくよう》ではなく、観賞用《かんしょうよう》として栽培《さいばい》されたそうだ。

清少納言《せいしょうなごん》はかき氷《ごおり》がお好《す》き

「かき氷《ごおり》」についての一番古《いちばんふる》い記録《きろく》は、平安時代中《へいあんじだいなか》ごろの作家《さっか》、清少納言《せいしょうなごん》が書《か》いた「枕草子《まくらのそうし》」の中《なか》にあります。

この中《なか》で、清少納言《せいしょうなごん》は「細《こま》かく削《けず》った氷《こおり》に甘《あま》いシロップをかけたもの」を、とても優雅《ゆうが》で上品《じょうひん》だと言《い》っています。

当時《とうじ》の氷《こおり》は、雪解《ゆきど》け水《みず》をはった池《いけ》で、冬《ふゆ》の間《あいだ》に自然《しぜん》の冷気《れいき》によって凍《こお》らせたものを、氷室《ひむろ》と呼《よ》ばれる穴《あな》に運《はこ》びこみ保管《ほかん》していました。

平安時代《へいあんじだい》には、氷《こおり》はとても貴重《きちょう》で高級《こうきゅう》なものでした。夏《なつ》になると、貴族《きぞく》たちは氷《こおり》を手《て》のひらにのせたりして涼《すず》しさを楽《たの》しんだそうです。

ハチミツや水《みず》あめ、あまづら（＊）などの甘味料《かんみりょう》もとても貴重《きちょう》でした。高級《こうきゅう》な氷《こおり》に貴重《きちょう》なシロップをかけて食《た》べるかき氷《ごおり》は、限《かぎ》られた一部《いちぶ》の人《ひと》しか口《くち》にすることができないものだったのです。

＊「あまづら」は、甘茶《あまちゃ》づるの汁《しる》を煮《に》つめた甘味料《かんみりょう》といわれている。

枕草子《まくらのそうし》

あてなるもの。（中略《ちゅうりゃく》）削《けず》り氷《ひ》にあまづら入《い》れて、新《あたら》しき金椀《かなまり》に入《い》れたる。

優雅《ゆうが》で上品《じょうひん》なもの。（中略《ちゅうりゃく》）削《けず》った氷《こおり》に甘《あま》いシロップ（あまづら）をかけて、新《あたら》しい金属製《きんぞくせい》のおわんに入《い》れたもの。

清少納言《せいしょうなごん》

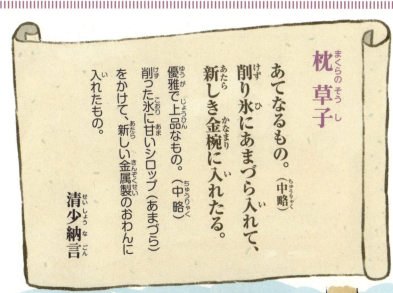

一《いち》日《にち》3食《しょく》は江《え》戸《ど》時《じ》代《だい》から！

昔《むかし》は、日本《にほん》をはじめ世界《せかい》の多《おお》くの地域《ちいき》で、一日《いちにち》2食《しょく》でした。日本《にほん》で一日《いちにち》3食《しょく》が定着《ていちゃく》したのは、江戸時代《えどじだい》に入《はい》ってからです。

江戸時代《えどじだい》になって3食《しょく》になったのは、明《あ》かりをともす燃料《ねんりょう》の菜種油《なたねあぶら》が広《ひろ》く出回《でまわ》るようになったことが理由《りゆう》の一《ひと》つです。

それまでは、日暮《ひぐ》れとともに寝《ね》ていましたが、菜種油《なたねあぶら》の値段《ねだん》

朝《あさ》
一《いち》日《にち》2食《しょく》
働《はたら》いたあと、お昼前《ひるまえ》に朝食《ちょうしょく》をとる。
一《いち》日《にち》3食《しょく》
朝起《あさお》きて働《はたら》く前《まえ》に朝食《ちょうしょく》をとる。

が下《さ》がって一般《いっぱん》の人《ひと》たちが買《か》えるようになると、夜《よる》も明《あ》かりが使《つか》えるため寝《ね》る時間《じかん》が遅《おそ》くなりました。起《お》きている時間《じかん》が長《なが》くなると、一日《いちにち》に朝《あさ》と夕《ゆう》の2食《しょく》ではおなかがすいてしまいます。そこで昼食《ちゅうしょく》（間食《かんしょく》）を食《た》べるようになり一日《いちにち》3食《しょく》になったのです。

ちなみに、昔《むかし》の日本《にほん》は朝《あさ》と夕《ゆう》の2食《しょく》でしたが、ヨーロッパでは昼《ひる》と夕《ゆう》の2食《しょく》だったそうです。そのため、今《いま》でもヨーロッパでは朝食《ちょうしょく》を軽《かる》くすますことが多《おお》いようです。

昼《ひる》
働《はたら》いたあと、お昼頃《ひるごろ》に昼 食《ちゅうしょく》をとる。
暗《くら》くなる前《まえ》に夕食《ゆうしょく》をすます。
夕《ゆう》
一日《いちにち》3食《しょく》は明《あ》かりが使《つか》えるようになったから！
菜種油《なたねあぶら》を使《つか》った明《あ》かりで、夕食《ゆうしょく》をとる。

福沢《ふくざわ》諭吉《ゆきち》の推《お》し食品《しょくひん》は牛乳《ぎゅうにゅう》！

福沢諭吉《ふくざわゆきち》

人《ひと》はみな平等《びょうどう》であることと学問《がくもん》の大切《たいせつ》さを書《か》いた『学問《がくもん》のすゝ《す》め』の著者《ちょしゃ》で、慶應義塾《けいおうぎじゅく》の創設者《そうせつしゃ》。

明治《めいじ》から大正《たいしょう》にかけて、牛乳《ぎゅうにゅう》や軽食《けいしょく》がとれる「ミルクホール」という飲食店《いんしょくてん》がたくさんあった。

かつての1万円札《まんえんさつ》の顔《かお》として有名《ゆうめい》な福沢諭吉《ふくざわゆきち》は、明治時代《めいじじだい》の初《はじ》め頃腸《ごろちょう》チフスという病気《びょうき》になったときに、牛乳《ぎゅうにゅう》を飲《の》んで元気《げんき》を回復《かいふく》したそうです。それ以来《いらい》、福沢《ふくざわ》は牛乳《ぎゅうにゅう》推《お》しになりました。

あるとき、牛乳《ぎゅうにゅう》の宣伝《せんでん》を頼《たの》まれた福沢《ふくざわ》は、「牛乳《ぎゅうにゅう》を飲《の》んで気力《きりょく》を出《だ》さないと、良《よ》い薬《くすり》でも効果《こうか》が出《で》ない」といった文《ぶん》を書《か》きました。ここにも牛乳《ぎゅうにゅう》への熱《あつ》い思《おも》いがうかがえますね。

明治期《めいじき》の日本人男性《にほんじんだんせい》（18歳《さい》）の平均《へいきん》身長《しんちょう》は160センチほど（＊）で、欧《おう》米人《べいじん》と比《くら》べてとても弱々《よわよわ》しく見《み》えました。そこで、国《くに》を挙《あ》げて牛乳《ぎゅうにゅう》や牛肉《ぎゅうにく》を食《た》べるよう働《はたら》きかけていたそうです。

＊「明治《めいじ》33年以降《ねんいこう》5か年《ねん》ごと学校保健統計《がっこうほけんとうけい》」（文部科学省《もんぶかがくしょう》HP）から。

アイスコーヒーがはやったのは、アメリカより日《に》本《ほん》のほうが先《さき》！

日本《にほん》でアイスコーヒーが定着《ていちゃく》した後《あと》、今《いま》から30年《ねん》くらい前《まえ》に、アメリカの大手《おおて》コーヒーチェーンがアイスコーヒーを販売《はんばい》するようになって、アメリカやカナダにも広《ひろ》まっていった。

昔《むかし》はコーヒーを冷《ひ》やして飲《の》むことはほとんどありませんでした。そんななか、欧米《おうべい》よりも先《さき》に、日本《にほん》ではアイスコーヒーが飲《の》まれていました。

今《いま》から約《やく》130年前《ねんまえ》の明治時代《めいじじだい》に、「氷《こおり》コーヒー」といって、ビンにコーヒーを入《い》れ、井戸水《いどみず》や氷《こおり》につけて冷《ひ》やしたものがあったのです。

それ以前《いぜん》にも、北《きた》アフリカのアルジェリアで、コーヒーに水《みず》を入《い》れて冷《ひ》やして飲《の》んでいたそうです。その習慣《しゅうかん》を知《し》ったフランス人《じん》が、アイスコーヒーをヨーロッパに持《も》ち帰《かえ》りましたが、あまりはやらなかったようです。

海上自衛隊《かいじょうじえいたい》も南極観測隊《なんきょくかんそくたい》も、金曜日《きんようび》はカレーの日《ひ》!

海上自衛隊《かいじょうじえいたい》では、毎週金曜日《まいしゅうきんようび》にカレーライスを食《た》べる習慣《しゅうかん》があります。

おいしくて栄養満点《えいようまんてん》で、手軽《てがる》に大量《たいりょう》に作《つく》れるカレーは、明治《めいじ》の初《はじ》めごろから日本《にほん》の海軍《かいぐん》に親《した》しまれるようになり、金曜日《きんようび》にはカレーを食《た》べる習慣《しゅうかん》が生《う》まれました。

南極観測隊《なんきょくかんそくたい》を南極《なんきょく》に運《はこ》ぶのが海上自衛隊《かいじょうじえいたい》の砕氷艦《さいひょうかん》「しらせ」です。艦内《かんない》でも、金曜日《きんようび》にはカレーを食《た》べます。長《なが》い間《あいだ》、海《うみ》の上《うえ》で過《す》ごしていると、曜日《ようび》の感《かん》覚《かく》がなくなってしまうためだそうです。

南極《なんきょく》の昭和基地《しょうわきち》でも、金曜日《きんようび》はカレーの日《ひ》と決《き》まっています。昭和基地《しょうわきち》では、隊員《たいいん》の好《この》みに合《あ》わせて、いろいろな種類《しゅるい》のカレーが作《つく》られます。スパイスが入《はい》ったカレーは、極寒《ごっかん》の南極《なんきょく》で働《はたら》く隊員《たいいん》たちの体《からだ》を温《あたた》めてくれるのです。

海上自衛隊《かいじょうじえいたい》のカレーには、艦艇《かんてい》や部隊《ぶたい》ごとに隠《かく》し味《あじ》がある。潜水艦《せんすいかん》「くろしお」はかきしょうゆ、余市防備隊《よいちぼうびたい》は余市産《よいちさん》の甘《あま》いリンゴを使《つか》っている。

飛《ひ》行《こう》機《き》の機《き》内《ない》食《しょく》は、濃《こ》いめの味《あじ》つけになっていることを知《し》っていますか？

その理《り》由《ゆう》は、地《ち》上《じょう》1万《まん》メートルの飛《ひ》行《こう》機《き》の中《なか》の気《き》圧《あつ》が関《かん》係《けい》しています。地《ち》上《じょう》の気《き》圧《あつ》を1・0とすると、飛《ひ》行《こう》機《き》の中《なか》の気《き》圧《あつ》は0・8しかありません。気《き》圧《あつ》が下《さ》がることにより、味《み》覚《かく》を感《かん》じにくくなります。

たとえば、塩《えん》味《み》と甘《あま》みは2〜3割《わり》くらい低《てい》下《か》するといわれています。そのため、機《き》内《ない》食《しょく》の味《あじ》つけは、飛《ひ》行《こう》機《き》内《ない》の気《き》圧《あつ》に合《あ》わせて、メリハリのあるしっかりとした味《あじ》に調《ちょう》理《り》されているのです。

じつは飛《ひ》行《こう》機《き》の中《なか》では、塩《えん》味《み》と甘《あま》みが感《かん》じにくくなっている。
地《ち》上《じょう》では濃《こ》いと感《かん》じる味《あじ》つけくらいがちょうどよい！

飛行機《ひこうき》の中《なか》では、食《た》べ物《もの》の味《あじ》が変《か》わる！

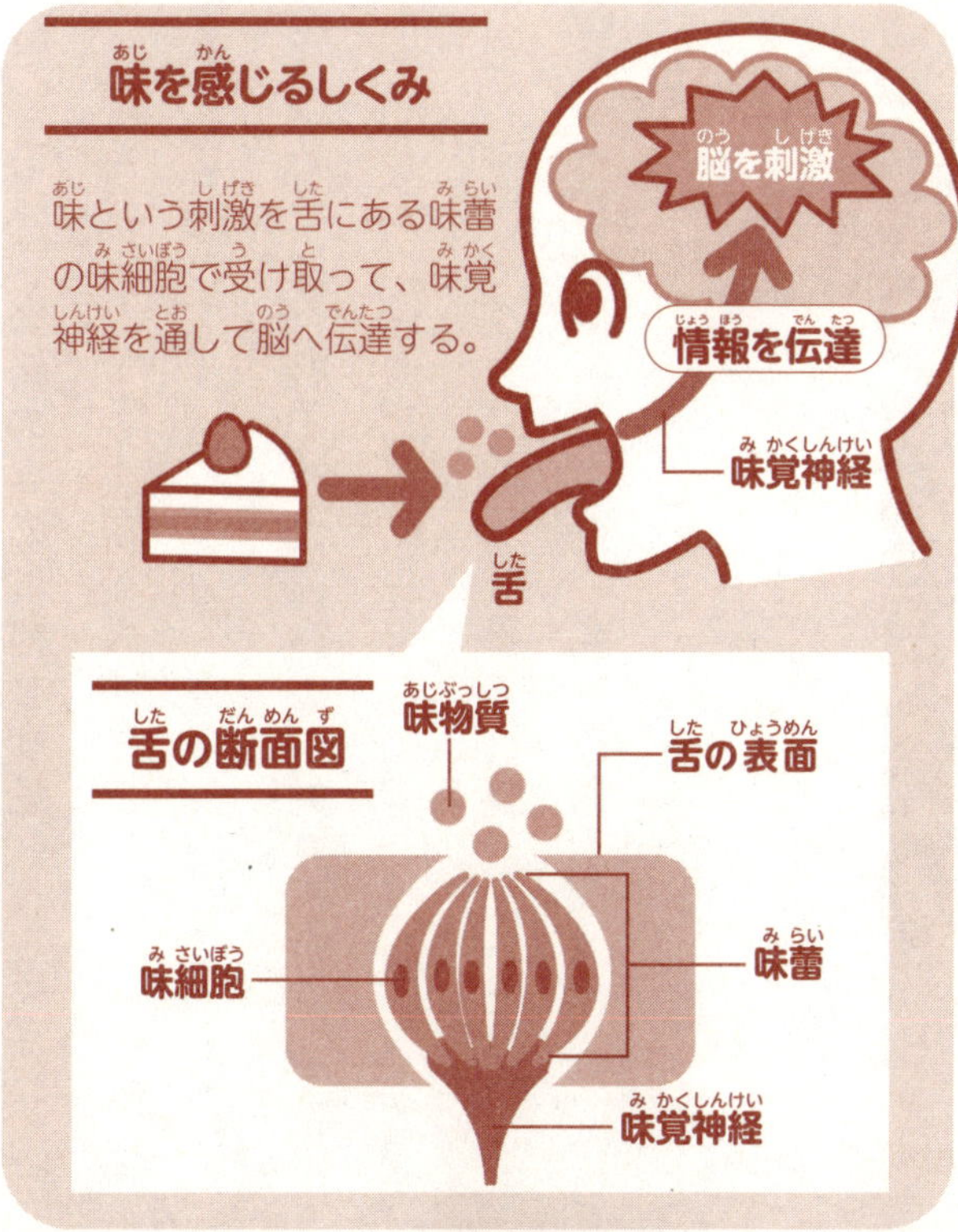
味《あじ》を感《かん》じるしくみ
味《あじ》という刺激《しげき》を舌《した》にある味蕾《みらい》の味細胞《みさいぼう》で受《う》け取《と》って、味覚《みかく》神経《しんけい》を通《とお》して脳《のう》へ伝達《でんたつ》する。
脳《のう》を刺激《しげき》
情報《じょうほう》を伝達《でんたつ》
味覚神経《みかくしんけい》
舌《した》
舌《した》の断面図《だんめんず》
味物質《あじぶっしつ》
舌《した》の表面《ひょうめん》
味細胞《みさいぼう》
味蕾《みらい》
味覚神経《みかくしんけい》

飛行機《ひこうき》の中《なか》は乾燥《かんそう》していて、においを感《かん》じる嗅覚《きゅうかく》の働《はたら》きが悪《わる》くなります。においでも味《あじ》を感《かん》じているため、乾燥《かんそう》も食《た》べ物《もの》の味《あじ》が変《か》わる理由《りゆう》の一《ひと》つです。

さとう
しお

気圧《きあつ》の影響《えいきょう》を受《う》けるのは、塩味《えんみ》と甘《あま》みだけ。酸味《さんみ》や苦《にが》み、うまみは変《か》わらないようだ。

忍者《にんじゃ》の携帯食《けいたいしょく》の兵糧丸《ひょうろうがん》はあまり役《やく》に立《た》たなかった!?

戦場《せんじょう》では、大勢《おおぜい》の兵《へい》の食料《しょくりょう》を補給《ほきゅう》することは、とても重要《じゅうよう》で大切《たいせつ》なことです。

「兵糧丸《ひょうろうがん》」は、戦国時代《せんごくじだい》の兵士《へいし》が栄《えい》養補給《ようほきゅう》を楽《らく》に行《おこな》うために生《う》まれた携《けい》帯食《たいしょく》です。とくに、敵地《てきち》で隠《かく》れて活《かつ》動《どう》をする忍者《にんじゃ》は、兵糧丸《ひょうろうがん》の開発《かいはつ》に力《ちから》を入《い》れていたといいます。

兵糧丸《ひょうろうがん》は、昔《むかし》の武将《ぶしょう》や
忍者《にんじゃ》にとっては大変《たいへん》重要《じゅうよう》な
食《た》べ物《もの》だった。伊賀《いが》忍者《にんじゃ》の忍術《にんじゅつ》秘伝書《ひでんしょ》には、
作《つく》り方《かた》が記《しる》されているそうだ。

兵糧丸《ひょうろうがん》のおもな材料《ざいりょう》は、薬用《やくよう》ニンジン、小麦粉《こむぎこ》、山芋《やまいも》、甘草《かんぞう》、ハト麦《むぎ》、もち米《ごめ》、酒《さけ》など栄養価《えいようか》の高《たか》い食《しょく》材《ざい》です。

材料《ざいりょう》や製法《せいほう》は、作《つく》る人《ひと》によってさまざまで、たとえば甘《あま》いもの好《ず》きな徳川家康《とくがわいえやす》が作《つく》らせた兵糧丸《ひょうろうがん》は、黒《くろ》豆《まめ》・黒《くろ》ゴマ・片栗粉《かたくりこ》・砂糖《さとう》などが材《ざい》料《りょう》だったそうです。

ところが、現代《げんだい》の科学《かがく》に照《て》らしてみたところ、実《じつ》は兵糧丸《ひょうろうがん》は数個《すうこ》で1日《にち》活動《かつどう》できるほどの効果《こうか》はなく、思《おも》っていたほどは役《やく》に立《た》たない食《た》べ物《もの》だったことがわかってきたそうです。なんだかザンネンですね。

海外編《かいがいへん》

有名人《ゆうめいじん》の好《す》きな食《た》べ物《もの》

場所《ばしょ》や時代《じだい》によって、食《た》べられるものはさまざまです。海外《かいがい》の有名人《ゆうめいじん》たちも、いろんな食《た》べ物《もの》を好《この》んで食《た》べていました。どんな人《ひと》がどんな食《た》べ物《もの》を好《す》きだったのか、いくつか紹介《しょうかい》しましょう。

レオナルド・ダ・ヴィンチ 野菜《やさい》スープ

レオナルド・ダ・ヴィンチ

15～16世紀《せいき》に活躍《かつやく》した、イタリア出身《しゅっしん》の芸術家《げいじゅつか》。絵画《かいが》「モナ・リザ」など、たくさんの作品《さくひん》を残《のこ》している。

イタリアの天才芸術家《てんさいげいじゅつか》のレオナルド・ダ・ヴィンチは、健康《けんこう》に気《き》を使《つか》う人《ひと》だったそうです。そんな彼《かれ》の好物《こうぶつ》の1つが「ミネストラ」という、野菜《やさい》や豆《まめ》を煮込《にこ》んだスープです。このスープにトマトを加《くわ》えて進化《しんか》させたものが「ミネストローネ」です。

マザー・テレサ チョコレート

マザー・テレサ

20世紀《せいき》に活躍《かつやく》した、マケドニア出身《しゅっしん》の修道女《しゅうどうじょ》。恵《めぐ》まれない人々《ひとびと》の救済《きゅうさい》に励《はげ》み、1979年《ねん》にノーベル平和賞《へいわしょう》を受賞《じゅしょう》した。

カトリック教会《きょうかい》の修道女《しゅうどうじょ》として活動《かつどう》したマザー・テレサは、チョコレートが大好物《だいこうぶつ》でした。彼女《かのじょ》が虫歯《むしば》にならないよう、歯医者《はいしゃ》さんが注意《ちゅうい》するほどだったそうです。また病気《びょうき》になった時《とき》には、世話《せわ》をしてくれたシスターにチョコレートを分《わ》けたりしたそうです。

ベートーベン コーヒー

作曲家《さっきょくか》のベートーベンは、食事《しょくじ》を忘《わす》れても毎朝《まいあさ》のコーヒーは欠《か》かさなかったといいます。しかもとてもこだわりが強《つよ》く、１杯《ぱい》のコーヒーをいれるのに、60粒《つぶ》のコーヒー豆《まめ》を選《えら》び、トルコ式《しき》のコーヒーミルで豆《まめ》をひいて、お気《き》に入《い》りのコーヒー沸《わ》かしで丁寧《ていねい》にいれて飲《の》んでいたそうです。

ベートーベン

18世紀《せいき》から19世紀《せいき》に活躍《かつやく》した、ドイツ出身《しゅっしん》の作曲家《さっきょくか》。「第九《だいく》」などたくさんの作品《さくひん》がある。

リンカーン アップルケーキ

リンカーン

19世紀《せいき》に活躍《かつやく》した政治家《せいじか》。奴隷解放宣言《どれいかいほうせんげん》を発《はっ》した。また南北戦争《なんぼくせんそう》に勝利《しょうり》し、アメリカ統一《とういつ》を成《な》し遂《と》げた。

アメリカ合衆国第《がっしゅうこくだい》16代大統領《だいだいとうりょう》のリンカーンは、アップルケーキが好物《こうぶつ》でした。大統領《だいとうりょう》に就任《しゅうにん》した直後《ちょくご》に食《た》べたメニューにも、アップルケーキが入《はい》っていました。お酒《さけ》をほとんど飲《の》まなかったリンカーンの、楽《たの》しみの一《ひと》つだったのかもしれませんね。

フランスの大食《おおぐ》い王《おう》
ルイ14世《せい》

17世紀《せいき》から18世紀《せいき》のフランスで活躍《かつやく》した、フランス国王《こくおう》のルイ14世《せい》は、ベルサイユ宮殿《きゅうでん》をつくったことで有名《ゆうめい》です。

ルイ14世《せい》は、食《た》べることがとても好《す》きな王様《おうさま》でもありました。ある日《ひ》の食事《しょくじ》では、スープ4皿《さら》に鳥《とり》の丸焼《まるや》き2羽《わ》、山盛《やまも》りのサラダを1皿《さら》、煮込《にこ》んだヒツジ肉《にく》と、ハム2切《き》れ、くだものにお菓子《かし》を一度《いちど》に食《た》べたそうです。

どうしてそんなにたくさん食《た》べることができたのでしょう？　その答《こた》えは王《おう》の死後《しご》にわかりました。

当時《とうじ》のフランスでは、国王《こくおう》が亡《な》くなると、体《からだ》を解《かい》剖《ぼう》して調《しら》べる習慣《しゅうかん》がありました。その結果《けっか》、ルイ14世《せい》の胃《い》は同《おな》じ体格《たいかく》の人《ひと》の2倍《ばい》ぐらいの大《おお》きさだったのです。

おもな参考文献・資料

『ジュニアエラ』2017年2月号（朝日新聞出版）
『週刊なぞとき』19号（朝日新聞出版）
『雑学555連発!!』雑学能力研究会監修（アントレックス）
『日本食品成分表2024 八訂』医歯薬出版編（医歯薬出版）
『偉人メシ伝「天才」は何を食べて「成功」したのか？』真山知幸著（笠間書院）
『学研の図鑑 LIVE eco 食べもの』（学研プラス）
『それ日本と逆!? 文化のちがい 習慣のちがい①②』須藤健一監修（学研プラス）
『食育クイズ王』月刊「食育フォーラム」編集部編（健学社）
『子どもにウケるたのしい雑学①②③』坪内忠太著（新講社）
『子どもと楽しむ日本びっくり雑学500』（西東社）
『食べちゃれクイズ——食べものマスターにチャレンジ』食品表示検定協会編著 白井一茂、小川美香子監修（ダイヤモンド社）
『世界一くさい食べもの』小泉武夫著（筑摩書房）
『みんなでもりあがる！ 学校クイズバトル 食べものクイズ王』学校クイズ研究会編著 田中ナオミまんが・イラスト（汐文社）
『農林水産省職員直伝「食材」のトリセツ』（マガジンハウス）
『知識がひろがる！ おもしろ雑学1000』カルチャーランド著（メイツ出版）

監修　久保田裕美《ゆみ》

日本大学 生物資源科学部 食品ビジネス学科 食コミュニティ論研究室 准教授。食とコミュニティのつながりや、食育と地産地消に関する研究などを行っている。著作に、『食料経済（第6版） フードシステムからみた食料問題』（共著、オーム社）などがある。

文　上村ひとみ、泉ひろえ

イラスト　イケウチリリー、くるみ、渋沢茉耶、リーカオ

写真　iStock、朝日新聞出版写真映像部、アフロ

カバーイラスト　フジイイクコ

カバーデザイン　辻中浩一（ウフ）

本文フォーマットデザイン　辻中浩一（ウフ）

本文レイアウト　阿部ともみ（ESSand）

校閲　山田欽一、野口高峰（朝日新聞総合サービス　出版校閲部）

編集デスク　大宮耕一、野村美絵

編集　泉ひろえ

あした話《はな》したくなる
おいしすぎる
食《た》べ物《もの》のひみつ

2025年2月28日　第1刷発行

監修　久保田裕美
編著　朝日新聞出版
発行者　片桐圭子
発行所　朝日新聞出版
〒104-8011
東京都中央区築地5-3-2
電話　03-5541-8833(編集)
03-5540-7793(販売)
印刷所　大日本印刷株式会社

Published in Japan by Asahi Shimbun Publications Inc.
ISBN 978-4-02-332409-1

定価はカバーに表示してあります。

落丁・乱丁の場合は弊社業務部(03-5540-7800)へご連絡ください。
送料弊社負担にてお取り替えいたします。